该验收指南，係作者应邀多次考

建筑定额编製，並長期從事古建

築设计施工活动，深感功限辦例做

工之良莠悬殊，故每年奮力收集编

纂此书，以期修缮古建筑俱臻完美。

白云山

开封山陕甘会馆六柱五楼鸡爪木牌坊

开封山陕甘会馆翼角檐下木雕彩画

开封相国寺八角琉璃殿古建筑一角

开封开宝寺仿宋式建筑

开封山陕甘会馆六柱五楼鸡爪木牌坊翼角

开封山陕甘会馆古建筑檐下木雕彩画

开封山陕甘会馆古建筑檐下木雕彩画

开封山陕甘会馆古建筑檐下木雕彩画

开封山陕甘会馆古建筑翼角檐下木雕彩画

开封古建筑厢房檐下木雕挂落彩画

开封山陕甘会馆古建筑厢房砖雕迎头饰头（墀头 1）

开封山陕甘会馆古建筑厢房砖雕迎头饰头（墀头 2）

# 中国古建筑修缮及仿古建筑工程施工质量验收指南

白玉忠　白洁　主编

中国建材工业出版社

# 图书在版编目（CIP）数据

中国古建筑修缮及仿古建筑工程施工质量验收指南/
白玉忠，白洁主编．--北京：中国建材工业出版社，
2019.8

ISBN 978-7-5160-2272-6

Ⅰ.①中… Ⅱ.①白… ②白… Ⅲ.①古建筑—修缮
加固—工程质量—工程验收—中国—指南 ②仿古建筑—工
程施工—工程质量—工程验收—中国—指南 Ⅳ.
①TU746.3-65 ②TU723.31-65

中国版本图书馆 CIP 数据核字（2018）第 190023 号

## 内 容 简 介

本书主要内容涉及古建筑工程的各子分项、子分部工程质量检查评定用表，包括古建筑工程内容基本可涵盖的分项、分部、用表、使用说明、图片和名词解释，同时参照古建筑修建工程质量检验评定标准及相关书籍，将各章节的内容表格化。

全书共计十五章，第一章介绍了本书的编制依据、适用地区等。第二章主要介绍质量检验评定的划分、检验评定的等级和检验评定程序。第三章主要介绍古建筑地基分部质量检查的检查表格及该表格的说明，其余章节主要介绍的是石作工程、大木构架制作与安装、木构架修缮工程、砖料加工、砌筑工程、屋面工程、抹灰工程、地面工程、木装修制作安装与修缮工程、油漆彩画地仗工程、油饰工程、彩画工程等内容。

**中国古建筑修缮及仿古建筑工程施工质量验收指南**

Zhongguo Gujianzhu Xiushan ji Fanggujianzhu Gongcheng Shigong Zhiliang Yanshou Zhinan

主　编　白玉忠　白　洁

出版发行：中国建材工业出版社

地　　址：北京市海淀区三里河路 1 号

邮　　编：100044

经　　销：全国各地新华书店

印　　刷：北京鑫正大印刷有限公司

开　　本：787mm×1092mm　1/16

印　　张：13.75　彩色：0.5

字　　数：330 千字

版　　次：2019 年 8 月第 1 版

印　　次：2019 年 8 月第 1 次

定　　价：78.00 元

# 本书编委会

主　　编　　白玉忠　　白　洁

副 主 编　　赵忠爱　　张冰岩　　苗　楷

参　　编　　张　鹏　　郭志强　　吕高峰

　　　　　　袁艳云　　徐全胜　　白　帅

　　　　　　路耀东

# 前　言

我们的祖先在人类历史的长河中,利用他们的聪明智慧和辛勤劳动,为我们创造了优秀、独特的古代建筑文化。中国古代建筑风格奇异,布局错落有致,建筑融汇于自然,自然交融于建筑,独具匠心、巧夺天工。中国古建筑不仅是我们的建筑文化瑰宝,也是世界建筑史中一颗璀璨的明珠,它是我国历史的见证,需要后人善待、守护。

近年来,古建筑和仿古建筑越来越受到人们的关注,古建筑的修复与重建工作担负着延续古建筑文化的历史重任,也关系到精神文明的发展。

质量是工程建设的根本,没有好的质量,建筑历史文化就得不到延续,更谈不上发展。为了提高工程质量、加快工程进度、提高经济效益,使国家颁布的质量标准得到准确应用,作者在国家质量标准的基础上编写了本书。该书操作性、实用性强,便于工程技术人员对照检查验收,有利于工作人员在建设、监理、施工、设计、建筑材料等方面,在共同验收合格的基础上,报上级主管部门或主管部门指定委托的质量监督机构存档备案。

为提高建设、监理、设计、施工人员的管理素质及业务水平,更好地贯彻、理解并应用相关古建筑工程质量验收标准,本书结合当前工程建设的实际情况并参考了《建筑工程施工质量验收统一标准》(GB 50300—2001)、《古建筑修建工程质量检验评定标准》(CJJ39—81)、《清式营造则例》《中国古建筑修缮技术》《建筑施工手册》等。

本书按照古建筑修建工程质量检验评定标准,针对古建筑工程验评标准所涉及的内容,对古建筑各子分项、子分部工程进行了归纳,便于广大古建技术从业人员使用。

本书可供涉及古建筑修建、设计、监理、施工、资料、质量监督人员和广大古建筑爱好者参考,也可供现场施工、技术和质量审查人员使用。

本书在编写过程中,得到了众多匠师及同行的帮助,在这里要感谢父白文俊、兄白玉山在古建筑领域的启发和点拨,感谢同事们的鼎力支持。白洁同志的参与编写为本书增色不少。由于编者的经验和学识水平有限,本书内容疏漏及未尽之处,敬请有关专家和广大读者批评指正。

白玉忠　白　洁

2019 年 1 月

# 目 录

# 第一章 总 则

一、为更好地配合我国古建筑修建工程质量检验评定工作，确保工程质量，特编制本指南。

二、本指南主要适用于下列我国北方地区古建筑的整体或部分修建工程：

1. 官式古建筑物和仿古建筑物中的大式、小式。

2. 近、现代建筑中采用古建筑形式或做法项目的，地方做法与官式做法差异较大者，可参考本书相关条目。

3. 古建筑或仿古建筑的部分分项、分部工程，由于制作工艺、作用、使用部位相近，在没有其他标准使用的情况下，可以参考本书。

三、对文物古建筑工程有特殊要求的项目，其质量检验评定应参照文物管理部门提供的设计或定案要求执行。

四、以下章节中的子分项、子分部、子单位工程可简称为分项、分部、单位工程。

# 第二章  质量检验评定

## 第一节  质量检验评定划分

一、古建筑修建工程质量应按子分项、子分部和子单位工程划分进行检验评定。

二、古建筑修建工程按子分项、子分部工程的划分应符合以下规定：

1. 子分项工程：按建筑工程的主要工种工程划分。

2. 子分部工程：按建筑物的主要部分划分。

3. 分项、分部工程的名称应符合表 2-1-1 的规定。

三、古建筑修建工程的单位工程应按以下规定划分：

1. 由各部分工程综合构成的个体建筑；

2. 修缮工程，可根据具体情况由一个或若干个有关联的单体建筑组成。

四、古建筑修建工程分项、分部工程名称表。

表 2-1-1

| 序号 | 分部工程名称 | 分项、分部工程名称 |
|---|---|---|
| 1 | 地基、基础与台基工程 | 土方、灰土、砂石地基、木桩、石料加工、石活安装工、砌石、修配旧石活、砖料加工、干摆、丝缝墙、淌白墙、糙砖墙、碎砖墙、琉璃饰面、异型砌体（砖须弥座）、墙体局部维修等 |
| 2 | 主体工程 | 柱类、梁类、枋类、檩类、板类、屋面木基层、斗拱等项制作，大木雕刻、下架、上架木构架安装、斗拱、屋面木基层安装、大木构架、屋面木基层、斗拱修缮、砖料加工、干摆、丝缝墙、淌白墙、糙砖墙、碎砖墙、异型砌体、琉璃饰面、砌石摆砌花瓦、墙帽、墙体局部维修、石料加工、石活安装、修配旧石活等 |
| 3 | 地面与楼面工程 | 木楼板（板类构件）、砖料加工、砖墁地面、墁石子地、水泥仿古地面、地面修补、石料加工、石料安装、修配旧石活等 |
| 4 | 木装修工程 | 槛框、榻板、槅扇、槛窗、支摘窗、帘架、风门、坐凳、楣子、倒挂楣子、栏杆、什锦窗、大门、木楼梯、天花、藻井的制作与安装，木装修雕刻，木装修修缮等 |
| 5 | 装饰工程 | 一般抹灰，修补抹灰、使麻、糊布地仗，单皮灰地仗，修补地仗，油漆，刷浆（喷浆），贴金，裱糊，大漆，大木彩画，椽头彩画，斗拱彩画，天花，支条彩画，楣子，牙子彩画等 |
| 6 | 屋面工程 | 砖料加工，琉璃屋面，筒瓦屋面，合瓦屋面，干槎瓦屋面，青灰背屋面，屋面修补等 |

# 第二节　质量检验评定等级

一、本书的分项、分部、单位工程质量均分为"不合格""合格""满意"三种等级。

二、分项工程的检验项目分为主控项目、一般项目及允许偏差项目，其质量等级应符合"合格"或"满意"的规定。

（一）合格

1. 主控项目：一般项目必须符合相应质量检验评定标准的规定，具有完整的施工操作依据和质量检查记录

2. 主控项目：一般项目抽检的处（件）应符合相应质量检验评定标准的合格规定。

3. 一般项目及允许偏差项目抽检的点数中，有70%及以上的实测值在质量检验评定标准的允许偏差范围内的为"合格"，其他为不合格，且不得超过合格标准的1.5倍。

（二）满意

有90%及以上的实测值在质量检验评定标准的允许偏差范围内的为"满意"。分项检验批全部合格，分项检验批满意大于50%的，该分项评定为"满意"。

三、分部工程的质量等级应符合以下规定：

合格：所含分项工程的质量全部合格。

满意：所含分项工程的质量全部合格，该分部所有分项满意率大于50%，该分部评为"满意"。

四、单位工程的质量等级应符合以下规定：

1. 合格：所含分部工程的质量全部合格。

满意：所含分部工程的质量全部合格，该工程所有分部满意率大于50%，该单位工程分部评为"满意"。

2. 质量主控项目应符合本书的规定。

3. 观感质量的评定得分率，合格率达到90%以上为合格，合格中有50%以上达到满意，可定为"满意"，其他定为"合格"或"不合格"。

4. 质量控制资料应完整。

5. 设备安装等分部工程，有关安全功能的检验和抽样检测结果应符合有关合格的规定。

6. 单位工程所含分部满意（地基与基础、主体结构分部应为满意），观感质量满意，质量控制资料完整，该单位工程评为"满意"。

五、当分项工程质量检验评定不符合规定时，必须及时处理且应按以下规定确定其质量等级：

1. 返工重做的可重新评定质量等级。

2. 经返工处理或经法定检测单位鉴定能够达到设计要求和施工验收规范要求的，其质量仅应评为"合格"。

3. 经法定检测单位鉴定达不到原设计要求，但经设计单位认可能够满足结构安全和

使用功能要求并进行加固补强而不改变外形尺寸的，其质量可评为"合格"。经设计人员出具方案，经加固补强改变外形尺寸或造成永久性缺陷的，其质量需经设计人员及专家、业主认可，方可认定为合格。

# 第三节　检验批的划分原则

1. 对材料、构件进场验收，应以进场批次、生产厂家、规格、规范、规定的数量为序划分；

2. 对现场制作的构配件或半成品（包括混凝土、砂浆、钢筋成型）的验收，应以生产班组、品种、规范、规定的数量划分检验批，表格说明中不明确的检验批，按规范、规定检查取样，检查范围（每10%划为一个检验批）；可将该分项该验收范围的处、件、间划分为一个检验批。

3. 地基基础工程中：

1）土方开挖、土方回填和换填地基分项工程一般划分为一个检验批，工程量较大的，应按材料、制作工艺及工程部位划分。相同材料工艺和工程部位每50m²～100m²划分为一个检验批。

2）降水和排水分项工程一般划分为一个检验批。

3）复合式地基（毛石、砖等混合式）一般划分为一个检验批。

4）桩基一般按单体建筑地基各边划分为一个检验批，工程量较大时按桩的类型及工程部位划分，相同材料、工艺和工程部位每50根桩划分为一个检验批。

5）基础工程可按不同地下层和部位划分检验批。

4. 地下防水工程可按单位工程划分为一个检验批。

5. 砌体工程可按墙面、层数、工程段、步架划分检验批，或50m²以内为一个检验批。

6. 木结构工程应根据结构部位、类型、功能、形状构件受力特征、材质和加工量划分检验批。

7. 铁件、铁活可根据用途、类型、数量划分检验批。

8. 地面工程应按部位层数划分检验批，一般可抽取10%具有代表性的自然间为一个检验批。

9. 装饰、装修工程可按施工工艺、装修部位、数量和做法划分：

1）建筑室外抹灰、涂饰工程同类材料和工艺的墙面，应以施工面积50m²为单位划分检验批。

2）室内抹灰、涂饰工程同类材料和工艺的墙面，应以施工面积50m²为单位划分检验批，不足50m²的也可划分为一个检验批。

3）门窗、装修工程应按构建部位、类型、工艺、材料、功能和每一个单体建筑中的门窗装修划分检验批。

4）天花、藻井应按间、部位特征划分检验批，其中每间天花划分为一个检验批。每层藻井划分为一个检验批。

5）栏杆、坐凳楣子、倒挂楣子按部为特征，每 10％的处或 3 件为一个检验批，不足 3 件也应划分为一个检验批。

10. 屋面分部工程中的分项工程中，不同次数的瓦顶屋面划分为不同的检验批。

11. 由于古建筑、仿古建筑分大式、小式，类型较复杂，对于工程量较少的分项工程可统一划分为一个检验批。分项检验批划分原则不详时见评定表格说明。

12. 安装工程一般将一个设计系统或设备组别划分为一个检验批。

13. 对管线安装的验收，应以干线系统、隐蔽批次、施工班组、规范规定的数量或区域为序划分。

14. 对设备、器具的验收，应以相关规定数量或区域为序划分。

15. 对电梯、扶梯的验收，应以独立运行的台或段划分。

设备安装工程可参考建筑安装工程表格及检验批的划分原则，参与工程的评定。

# 第四节　质量检验评定程序

一、古建筑施工现场质量管理检查记录表是建立健全现场质量管理制度以及施工管理所必要的检查评定表格（附录一）。

1. 古建筑最小检查单位检验批质量验收记录表（附录二）。

2. 古建筑分项工程质量验收记录表是在检验批的基础上进行分项评定的表格，分项工程质量应在班组自检的基础上，由单位工程负责组织有关人员进行评定，由专职质量检查员核定，并应填写分项工程质量检验评定表（附录三）。

二、分部工程质量应由施工队一级技术负责人组织评定，由专职质量检查员核定。其中地基、基础与台基、主体和装饰分部工程质量应由企业技术和质量部门组织核定，并应填写子分部工程质量检验评定表（附录四）。

三、单位工程质量应由企业技术负责人组织企业有关部门进行检验评定，并应将有关评定资料提交质量监督机构或主管部门核查。质量主控资料核查应符合国家标准《建筑工程施工质量验收统一标准》（GB 50300-2013），并应提供主要材料的检测报告，如：木材量的规定，应提供木材含水率与材质检测报告、瓦件及油漆涂料出厂合格证或试验报告，并应填写主控资料核查表（附录五）和单位工程观感质量评定表（附录六）。凡表中不含的项目应符合国家标准《建筑工程施工质量验收统一标准》中单位工程观感质量评定表的有关规定。

四、单位工程或群体工程由几个分包单位施工时，其总包单位应对工程质量全面负责；各分包单位应按本标准和相应质量检验评定标准的规定检验评定所承建的分项、分部和单位工程质量等级，并应将评定结果及资料交总包单位。

五、单位古建工程质量竣工验收记录表是该工程质量检查验收的汇总记录表格（附录七）。

六、地基与基础、主体结构、设备安装等分项、分部工程，有关安全功能的检验和抽样检测结果的验收评定记录表格，本书没有涵盖的部分可参考当地建筑工程及设备安装工程的表格使用。

# 第三章　土方与地基工程

## 第一节　土方工程

一、主控项目

1. 桩基、基坑、基槽和管沟基底的土质必须符合设计要求并严禁扰动。

检查数量：按检验批检查取样和范围（可划为一个检验批）。

检验方法：观察检查和检验槽记录。

2. 填方基底处理必须符合设计要求和施工范围的规定。

检验方法：观察检验和检查基底处理记录。

3. 填方和桩基、基坑、基槽、管沟回填的土料必须符合设计要求和施工规范规定。

检验方法：现场鉴别或取样试验。

4. 填方和柱基、基坑（槽）、管沟的回填，必须按规定分层夯压密实。取样测定压实后土的表观密度，其合格率不应小于90%，不合格干土表观密度的最低值与设计值的差不应小于0.08g/cm³，且不应集中。

检查数量：按批量检查，不少于一个检验批。

（1）环刀法的取样数量：柱基回填，抽查柱基总数的10%，但不少5个。

（2）基槽和管沟回填，每层按长度20～50m取样1组，但不少于3组。

（3）基坑和室内填土，每层按50～100m²取样1组，但不少于1组。

（4）场地平整填方，每层按200～400m²取样1组，但不少于1组。

（5）灌砂或灌水法的取样数量可较环刀法适当减少。

检验方法：观察检查和检查取样平面图及试验记录。

二、一般项目

土方工程外形尺寸的允许偏差和检验法见表3-1-1。

1. 标高：桩基、基坑、基槽、管沟。

检验方法：用水准仪检查。

2. 长度、宽度（由设计中心线向两边量）：桩基、基坑、基槽、管沟挖方、填方、场地平整、人工施工、排水沟、地（路）面基层。

检验方法：用经纬仪拉线和尺量检查。

3. 边坡偏陡：桩基、基坑、基槽、管沟不允许偏差；挖方、填方、场地平整人工施工不允许偏差；机械施工不允许偏差；排水沟不允许偏差。

检验方法：观察或坡度尺检查。

4. 表面平整度：桩基、基坑、基槽、管沟、挖方、填方、场地平整人工施工、机械施工、排水沟、地（路）面基层。

检验方法：用 2m 靠尺和楔形塞尺检查。

注：地（路）面基层的偏差只适用于直接挖填方上做地（路）面基层。

检查数量：按批量检查，不少于一个检验批。

（1）标高：柱基抽查总数的 10％，但不少于 5 个，每个不少于 2 点；

（2）基坑每 20m² 取样 1 点，每坑不少于 2 点；

（3）基槽、管沟、排水沟、路面面基层每 20m 取 1 点，但不少于 5 点；

（4）挖方、填方、地基每 30～50m² 取 1 点但不少于 5 点；

（5）场地平整每 100～400m² 取 1 点，但不少于 10 点；

（6）长度、宽度和坡边偏陡均为每 20m 取 1 点，每边不少于 1 点；

（7）表面平整度每 30～50m² 取 1 点，不少于 3 点。

三、土方工程验收记录表

表 3-1-1

| 工程名称 | | | 分项工程名称 | | 验收部位 | |
|---|---|---|---|---|---|---|
| 施工单位 | | | | | 项目经理 | |
| 执行标准名称及编号 | | | | | 专业工长 | |
| 分包单位 | | | | | 施工班组长 | |
| 质量验收规范的规定 | | | | | 施工单位检查评定记录 | 监理（建设）单位验收记录 |
| 主控项目 | 土方工程 | 1 | 桩基、基坑、基槽和管沟基底的土质必须符合设计要求，并严禁扰动 | | | |
| | | 2 | 填方基底处理必须符合设计要求和施工范围的规定 | | | |
| | | 3 | 填方和桩基、基坑、基槽、管沟回填的土料必须符合设计要求和施工规范规定 | | | |
| | | 4 | 填方和柱基、基坑（槽）、管沟的回填，必须按规定分层夯压密实。取样测定压实后干土的表观密度，其合格不应小于 90％，不合格干土表观密度的最低值与设计值的差不应小于 0.08g/cm³，且不应集中 | | | |

续表

| 一般项目 | 土方工程 | 序号 | 项　目 | 土方工程外形尺寸的允许偏差（mm） | | | | | 实测检查 | | | | | 合格率（%） |
| | | | | 桩基、基坑、基槽，管沟 | 挖方、填方、场地平整 | | 排水沟 | 地、路面基层 | 1 | 2 | 3 | 4 | 5 | |
| | | | | | 人工施工 | 机械施工 | | | | | | | | |
| | | 1 | 标高 | 0　-50 | ±50 | ±100 | 0　-50 | 0　-50 | | | | | | |
| | | 2 | 长度、宽度（由设计中心线向两边量） | 0 | 0 | 0 | 0　+10 | — | | | | | | |
| | | 3 | 边坡偏陡 | 不允许 | 不允许 | 不允许 | 不允许 | — | | | | | | |
| | | 4 | 表面平整度 | — | — | — | — | 20 | | | | | | |
| 施工单位检查评定结果 | | 主控项目 | | | | | | | | | | | | |
| | | 一般项目 | | | | | | | | | | | | |
| | | 项目专业质量检查员：<br>项目专业质量（技术）负责人：<br><br>　　　　　　　　　年　　月　　日 | | | | | | | | | | | | |
| 监理（建设）单位验收结论 | | 监理工程师或建设单位项目技术负责人：<br><br>　　　　　　　　　年　　月　　日 | | | | | | | | | | | | |

# 第二节　灰土、砂石地基工程

灰土、砂石地基基础的构造如图 3.2.1 所示。

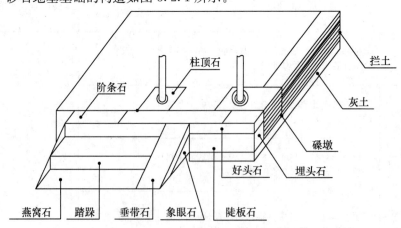

图 3.2.1　基础的构造示意图

一、主控项目

1. 基地的土质必须符合设计要求。

检验方法：观察、检查、检验基槽记录。

检查数量：按检验批检查，不少于一个检验批，取样、检查范围（可划为一个检验批）。

2. 灰土、砂石的干土表观密度或贯入度，必须符合设计要求和施工规范规定。

检验方法：观察检查和检查分层试（检）验记录。

检查数量：按检验批检查，不少于一个检验批。

3. 灰土、砂石的配料、分层虚铺厚度及夯实程度应符合以下规定：

合格：配料正确，拌和均匀，虚铺厚度符合规定，夯压密实。

检验方法：观察检查。

检查数量：按检验批检查，不少于一个检验批，柱坑按总数抽查10%但不少于5个；基坑、槽沟每100m²抽查1处，但不少于5处。

4. 灰土砂石的留槎和接槎应符合以下规定：

合格：分层留槎位置正确，接槎密实。

检查数量：按检验批检查，不少于一个检验批，检验批不少于5个接槎处，不足5处时，逐个检查。

二、一般项目

灰土、砂石见表3-2-1。

检验方法：

1. 顶面标高：用水准仪或拉线和尺量检查。

2. 平整度：用2m靠尺和楔形塞尺检查。

检查数量：按检验批检查，不少于一个检验批，检验批抽查10%但不少于5个；基坑、槽沟每100m²抽查1处，但不少于5处。

三、灰土、砂石地基工程验收记录表

表 3-2-1

| 工程名称 | | | 分项工程名称 | | 验收部位 | |
|---|---|---|---|---|---|---|
| 施工单位 | | | | | 项目经理 | |
| 执行标准名称及编号 | | | | | 专业工长 | |
| 分包单位 | | | | | 施工班组长 | |
| 质量验收规范的规定 | | | | 施工单位检查评定记录 | 监理（建设）单位验收记录 | |
| 主控项目 | 灰土砂石地基工程 | 1 | 基地的土质必须符合设计要求 | | | |
| | | 2 | 灰土、砂石的干土表观密度或贯入度，必须符合设计要求和施工规范规定 | | | |
| | | 3 | 灰土、砂石的配料、分层虚铺厚度及夯实程度应符合以下规定：<br>合格：配料正确，拌和均匀，虚铺厚度符合规定，夯压密实 | | | |
| | | 4 | 灰土砂石的留槎和接槎应符合以下规定：<br>合格：分层留槎位置正确，接槎密实 | | | |

| 一般项目 | 灰土砂石地基工程 | 序号 | 项　　目 | | 灰土、砂石地基的允许偏差（mm） | 实测检查 | | | | | | 合格率（％） |
|---|---|---|---|---|---|---|---|---|---|---|---|---|
| | | 1 | 顶面标高 | | ±50 | | | | | | | |
| | | 2 | 表面平整度 | 灰土 | 15 | | | | | | | |
| | | 3 | | 砂石 | 20 | | | | | | | |

| 施工单位检查评定结果 | 主控项目 | |
|---|---|---|
| | 一般项目 | |
| | 项目专业质量检查员：<br>项目专业质量（技术）负责人：<br><br>　　　　　　　　年　月　日 | |

| 监理（建设）单位验收结论 | 监理工程师或建设单位项目技术负责人：<br><br>　　　　　　　　年　月　日 |
|---|---|

# 第三节　木桩工程

各种桩的构造如图 3.3.1～图 3.3.3 所示。

一、主控项目

1. 木桩的材质、木种必须符合设计要求和施工规范的规定。

检查数量：按检验批检查，不少于一个检验批，按不同规格桩数各抽 10％，但均不少于 3 根。

检查方法：观察检查。

2. 木桩用于有侵蚀性水质地区，其防腐处理方法必须符合设计要求。

检查数量：按检验批检查，不少于一个检验批，按不同规格桩数各抽 10％，但均不少于 3 根。

检查方法：观察检查。

3. 桩的直和长度不得小于设计要求。

检查数量：按检验批检查，不少于一个检验批，按不同规格桩数各抽 10％，但均不少于 3 根。

检验方法：尺量检查、检查施工检验记录。

4. 打桩的标高或贯入度、桩的接头、节点处理必须符合设计要求和施工规范规定。

检查数量：按检验批检查，不少于一个检验批，按不同规格桩数各抽 10％，但均不少于 3 根。

检验方法：观察检查，检查施工记录、实验报告。

二、一般项目

木桩偏移的允许偏差和检验方法符合表 3-3-1，木桩中心位置偏移，允许偏差 100mm。

检验方法：用经纬仪或拉线和尺量检查。

检查数量：按检验批检查，不少于一个检验批，按不同规格桩数各抽 10％，但均不少于 3 根。

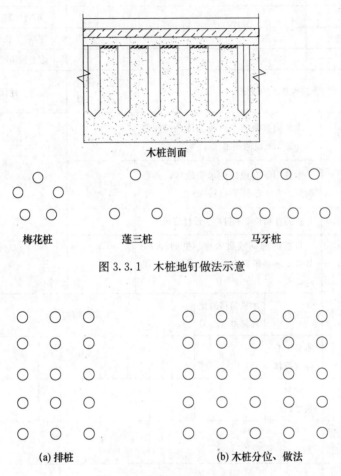

图 3.3.1 木桩地钉做法示意

图 3.3.2 棋盘桩做法示意

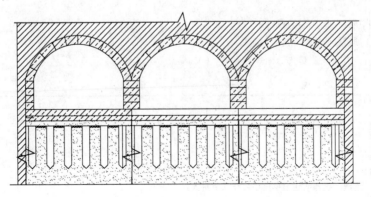

图 3.3.3 木桩、灰土、石拱券

### 三、木桩工程质量验收记录表

表 3-3-1

| 工程名称 | | | 分项工程名称 | | 验收部位 | |
|---|---|---|---|---|---|---|
| 施工单位 | | | | | 项目经理 | |
| 执行标准名称及编号 | | | | | 专业工长 | |
| 分包单位 | | | | | 施工班组长 | |

| | | | 质量验收规范的规定 | 施工单位检查评定记录 | 监理（建设）单位验收记录 |
|---|---|---|---|---|---|
| 主控项目 | 灰土砂石地基工程 | 1 | 木桩的材质、木种必须符合设计要求和施工规范的规定 | | |
| | | 2 | 木桩用于有侵蚀性水质地区，其防腐处理方法必须符合设计要求 | | |
| | | 3 | 桩的直和长度不得小于设计要求 | | |
| | | 4 | 打桩的标高或贯入度、桩的接头、节点处理必须符合设计要求和施工规范规定 | | |

| | | 序号 | 项目 | 木桩偏移的允许偏差（mm） | 实测检查 | | | | | | | | | | 合格率（%） |
|---|---|---|---|---|---|---|---|---|---|---|---|---|---|---|---|
| 一般项目 | | 1 | 木桩中心位置偏移 | 100 | | | | | | | | | | | |
| | | 2 | 木桩长度设计 | | | | | | | | | | | | |

| 施工单位检查评定结果 | 主控项目 | |
|---|---|---|
| | 一般项目 | |
| | 项目专业质量检查员：<br>项目专业质量（技术）负责人：<br><br>　　　　　　　　　　　　　　　　　年　　月　　日 | |

| 监理（建设）单位验收结论 | 监理工程师或建设单位项目技术负责人：<br><br>　　　　　　　　　　　　　　　　　年　　月　　日 |
|---|---|

# 第四章 石作工程

石作工程的质量检验和评定，毛石、料石等石砌体工程应符合本书第八章的有关规定。

检查数量：按检验批检查，不少于一个检验批，每 10~20m 抽查一处，但不少于二处。地面按面积每 50m² 抽查一处，但不少于二处，不少于一个检验批。

散件及其他数量不多但是做法特殊的石活（如挑檐石、沟门、沟漏、券石等），每种至少抽查一处，凡制作加工或安装方法差异较大者，均应分别检查，每种至少抽查一处，不少于一个检验批。

图 4.1.1 栏板柱子与抱鼓石

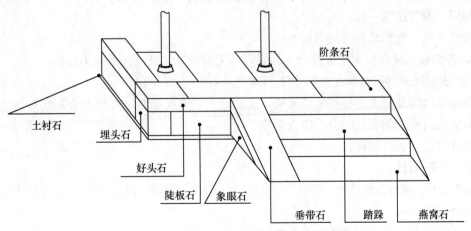

图 4.1.2 土衬石、陡板石、埋头石、阶条石

# 第一节 石料加工

一、主控项目

1. 石料的品种、规格必须符合设计要求或古建筑常规做法。

检查方法：观察检查和尺量检查。

2. 石料的纹理走向必须符合构件的受力需要。

检查方法：观察检查。

3. 不得使用带有裂缝、炸纹隐残的石料。

检查方法：观察检查。

4. 重要建筑的主要部位，其石料外观应符合下列规定：

合格：外观无明显缺陷，如明显的红、白筋或红、白带、明显的杂色污点，大面积黑铁等。外观无明显缺陷，色泽相近。

检查方法：观察检查。

5. 石料表面应符合下列规定：

合格：石料表面整洁，无明显缺棱掉角。

检查方法：观察检查。

6. 表面剁斧的石料加工应符合下列规定：

合格：斧印直顺、均匀、深浅一致，无錾点、錾影及上遍斧印，刮边宽度一致。

检查方法：观察检查。

7. 表面磨光的石料加工应符合下列规定：

合格：表面平滑光亮，无明显麻面，表面无大砂沟，无明显斧印、錾点、錾影。

检查方法：观察检查。

8. 表面打道的石料加工应符合下列规定：

合格：道的密度应符合设计要求或古建常规做法，道应直顺，道的宽度无明显差别，深度相同，刮宽边度一致。

检查方法：观察检查及尺量检查。

9. 表面砸花锤石料加工应符合下列规定：无明显錾印及漏锤之处为合格。

10. 表面雕刻的石料加工应符合下列规定：

合格：内容及形式应具有传统风格，比例恰当，形式自然，造型准确，线条流畅，空挡处应清地扁光，无明显的扁子印或錾痕。

检查方法：观察检查。

二、一般项目

检查数量：按检验批检查，不少于一个检验批，按不同规格各抽10%，但均不少于3件。

检查方法：

1. 表面平整：用1m靠尺和楔形塞尺检查；

2. 死坑数量：抽查3处取平均值；

3. 截头方正：用方尺套方；

4. 打道密度：尺量检查抽查 3 处取平均值；

5. 剁斧密度：尺量检查抽查 3 处取平均值。

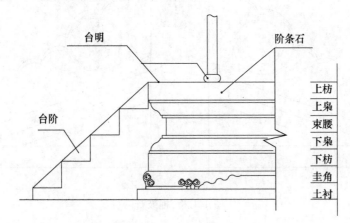

图 4.1.3 台明、阶条石

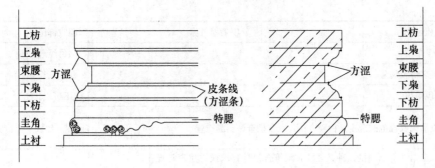

图 4.1.4 须弥座正面、剖面

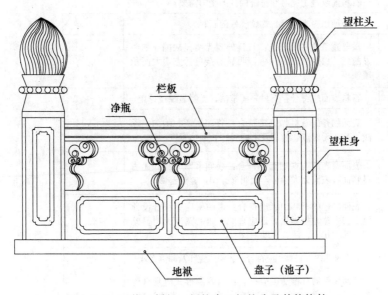

图 4.1.5 地栿、栏板、望柱身、望柱头及其他构件

图 4.1.6　抱鼓石

### 三、石料加工质量验收记录表

表 4-1-1

| 工程名称 | | 分项工程名称 | | 验收部位 | |
|---|---|---|---|---|---|
| 施工单位 | | | | 项目经理 | |
| 执行标准名称及编号 | | | | 专业工长 | |
| 分包单位 | | | | 施工班组长 | |

| | | | 质量验收规范的规定、检验方法：观察检查、实测检查 | 施工单位检查评定记录 | 监理（建设）单位验收记录 |
|---|---|---|---|---|---|
| 主控项目 | 台明、栏板、柱子、台阶、腰线、挑檐石、沟门、沟漏、券石等 | 1 | 石料的品种、规格必须符合设计要求或古建筑常规做法 | | |
| | | 2 | 石料的纹理走向必须符合构件的受力需要 | | |
| | | 3 | 不得使用带有裂缝、炸纹隐残的石料 | | |
| | | 4 | 重要建筑的主要部位：石料外观无明显缺陷，如明显的红、白筋或红、白带，明显的杂色污点，大面积黑铁等 | | |
| | | 5 | 石料表面应符合：石料表面整洁，无明显缺棱掉角 | | |
| | | 6 | 表面剁斧的石料加工应符合：斧印直顺、均匀、深浅一致，无錾点、錾影及上遍斧印，刮边宽度一致 | | |
| | | 7 | 表面磨光的石料加工应符合：表面平滑光亮，无明显麻面，表面无大砂沟，无明显斧印，錾点錾影 | | |
| | | 8 | 表面打道的石料加工应符合：道的密度应符合设计要求或古建常规做法，道应直顺，道的宽度无明显差别，深度相同，刮宽边度一致 | | |
| | | 9 | 表面砸花锤石料加工应符合：无明显錾印及漏锤之处 | | |
| | | 10 | 表面雕刻的石料加工应符合：内容及形式应具有传统风格，比例恰当，形式自然造型准确，线条流畅，空挡处应清地扁光，无明显的扁子印或錾痕 | | |

续表

| | | 项目 | | | 允许偏差（mm） | 实测值（mm） | | | | | | | | | | 合格率（%） |
|---|---|---|---|---|---|---|---|---|---|---|---|---|---|---|---|---|
| | | | | | | 1 | 2 | 3 | 4 | 5 | 6 | 7 | 8 | 9 | 10 | |
| 一般项目 | 台明、栏板、柱子台阶、腰线、挑檐石沟门、沟漏、券石等 | 1 | 表面平整 | 砸花锤、打糙道 | 4 mm | | | | | | | | | | | |
| | | | | 二遍斧 | 3 mm | | | | | | | | | | | |
| | | | | 三遍斧、打细道、磨光 | 2 mm | | | | | | | | | | | |
| | | 2 | 死坑数量坑径 4mm 深 3mm | 二遍斧 | 3 个/$m^2$ | | | | | | | | | | | |
| | | | | 三遍斧、打细道、磨光 | 3 个/$m^2$ | | | | | | | | | | | |
| | | 3 | 截头方正 | | 2 mm | | | | | | | | | | | |
| | | 4 | 打道密度 | 糙道（10 道/100mm） | ±2 道 | | | | | | | | | | | |
| | | | | 细道（25 道/100mm 宽） | 正值不限 −5 道 | | | | | | | | | | | |
| | | 5 | 剁斧密度（45 道/100mm） | | 正值不限 −10 道 | | | | | | | | | | | |
| 施工单位检查评定结果 | | 主控项目 | | | | | | | | | | | | | | |
| | | 一般项目 | | | | | | | | | | | | | | |
| | | 项目专业质量检查员：<br>项目专业质量（技术）负责人：<br>年　月　日 | | | | | | | | | | | | | | |
| 监理（建设）单位验收结论 | | 监理工程师或建设单位项目技术负责人：<br>年　月　日 | | | | | | | | | | | | | | |

## 第二节　石活安装工程

一、主控项目

1. 灰浆品种、材料配比必须符合设计要求或古建常规做法。

检验方法：观察检查、检查施工记录。

2. 灰浆必须饱满。

检验方法：观察检查，必要时抽样检查。

3. 石料必须完整，不得断裂或严重损坏。

检验方法：观察检查。

4. 背山必须严实、牢固平衡，不得空虚。背山的位置、数量应适宜，所有材料的硬度不得低于石料的硬度。

检验方法：观察检查。

5. 连接构件的设置必须符合设计要求。

检验方法：观察检查。

6. 栏板、望柱、抱鼓等垂直安装的构件，必须安装牢固平衡。

检验方法：观察检查并用手推晃。

二、一般项目

1. 石活灰缝应符合以下规定：

合格：灰缝顺直，宽度均匀，勾缝整齐、严实。

检验方法：观察检查。

2. 栏板、望柱、抱鼓等安装位置应符合以下规定：

合格：位置正确，构件不偏歪，整体顺直。

检验方法　观察检查。

3. 石料表面应符合以下规定：

合格：石料无明显缺棱掉角，表面无残留灰浆、铁锈等不洁现象，泛水应符合设计要求。

检验方法：观察检查。

检查数量：按检验批检查，不少于一个检验批，按不同规格石料数各抽10％，但均不少于3根（各为一个检验批）。

三、石活安装允许偏差和检查方法

1. 截头方正：用方尺套方（异型角尺或活尺），尺量端头偏差。

2. 柱顶石水平程度：用水平尺和楔形塞尺检查。

3. 柱顶石标高：用水准仪复查或检查施工记录。

4. 台基标高：用水准仪复查或检查施工记录。

5. 轴线位移（不包括掰升尺寸造成的偏差）：与面阔、进深相比，用尺量或经纬仪检查。

6. 台阶、阶条、地面等大面平整度：拉3m线，不足3m拉通长，用尺量检查。

7. 外棱直顺：拉3m线，不足3m拉通长，用尺量检查。

8. 相邻石高低差：用短平尺贴高出的石料表面，用楔形塞尺检查相邻处。

9. 相邻石进出错缝：用短平尺贴高出的石料表面，用楔形塞尺检查相邻处。

10. 石活与墙身进出错缝（自检查应在同一平面者）：用短平尺贴高出的石料表面，用楔形塞尺检查相邻处。

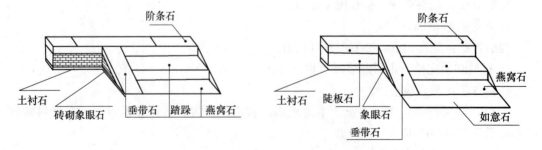

图 4.2.1　砖台阶、石台阶各部名称

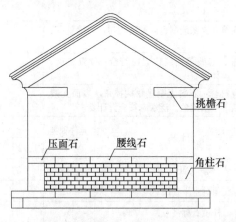

图 4.2.2 腰线石、压面石、挑檐石

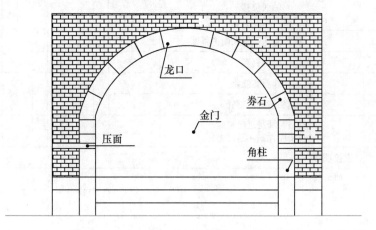

图 4.2.3 龙口石、金门、券石、压面、角柱

## 四、石活安装质量验收记录表

**表 4-2-1**

| 工程名称 | | | 分项工程名称 | | | 验收部位 | |
|---|---|---|---|---|---|---|---|
| 施工单位 | | | | | | 项目经理 | |
| 执行标准名称及编号 | | | | | | 专业工长 | |
| 分包单位 | | | | | | 施工班组长 | |

| | | | 质量验收规范的规定、检验方法：观察检查、实测检查 | 施工单位检查评定记录 | 监理（建设）单位验收记录 |
|---|---|---|---|---|---|
| 主控项目 | 石活安装 | 1 | 灰浆品种、材料配比必须符合设计要求或古建常规做法 | | |
| | | 2 | 灰浆必须饱满 | | |
| | | 3 | 石料必须完整，不得断裂或严重损坏 | | |
| | | 4 | 背山必须严实、牢固平衡，不得空虚。背山的位置、数量应适宜，所有材料的硬度不得低于石料的硬度 | | |
| | | 5 | 连接构件的设置必须符合设计要求 | | |
| | | 6 | 栏板、望柱、抱鼓等垂直安装的构件，必须安装牢固平衡 | | |

续表

| 一般项目 | | 1 | 石活灰缝应符合：灰缝顺直，宽度均匀，勾缝整齐、严实 | | | | | | | | | | | | |
|---|---|---|---|---|---|---|---|---|---|---|---|---|---|---|---|
| | | 2 | 栏板、望柱、抱鼓等安装位置应符合：位置正确，构件不偏歪，整体顺直 | | | | | | | | | | | | |
| | | 3 | 石料表面应符合，石料无明显缺棱掉角，表面无残留灰浆、铁锈等不洁现象。泛水应符合设计要求 | | | | | | | | | | | | |

| 允许偏差项目 | 石活安装 | 序号 | 项　目 | 允许偏差(mm) | 实测值（mm） | | | | | | | | | | 合格率（%） |
|---|---|---|---|---|---|---|---|---|---|---|---|---|---|---|---|
| | | | | | 1 | 2 | 3 | 4 | 5 | 6 | 7 | 8 | 9 | 10 | |
| | | 1 | 截头方正 | 2 | | | | | | | | | | | |
| | | 2 | 柱顶石水平程度 | 2 | | | | | | | | | | | |
| | | 3 | 柱顶石标高 | 5 | | | | | | | | | | | |
| | | 4 | 台基标高 | ±8 | | | | | | | | | | | |
| | | 5 | 轴线位移（不包括掰升尺寸造成的偏差） | 3 | | | | | | | | | | | |
| | | 6 | 台阶、阶条、地面等大面平整度 | 5 | | | | | | | | | | | |
| | | 7 | 外棱直顺 | 5 | | | | | | | | | | | |
| | | 8 | 相邻石高低差 | 2 | | | | | | | | | | | |
| | | 9 | 相邻石进出错缝 | 2 | | | | | | | | | | | |
| | | 10 | 石活与墙身进出错缝（自检应在同一平面者） | 2 | | | | | | | | | | | |

| | 主控项目 | |
|---|---|---|
| | 一般项目 | |

| 施工单位检查评定结果 | 项目专业质量检查员：<br>项目专业质量（技术）负责人：<br><br>　　　　　　　　　　　年　　月　　日 |
|---|---|
| 监理（建设）单位验收结论 | 监理工程师或建设单位项目技术负责人：<br><br>　　　　　　　　　　　年　　月　　日 |

# 第五章　大木构件制作与安装

## 第一节　一般规定

一、项目说明

1. 大木构件制作与安装工程指柱、梁、枋、檩（桁）板、屋面基层以及斗拱的制作与安装工程（图 5.1.1～图 5.1.6）。

2. 各类木构件材质要求应符合表 5.1.1～表 5.1.8 的规定。

检查数量：按批量检查，不少于一个检验批。

检查方法：观察检查和检验测量记录。

3. 检查木构件是否防腐蚀、防虫蛀、防白蚁，应符合设计和有关规范的规定。

检查数量：按批量检查，不少于一个检验批。

4. 检查柱、梁、枋、檩、（桁）等大木构件之前，应排出总丈杆和各类构件分丈杆，丈杆排出后必须进行预检。

检查数量：按批量检查，不少于一个检验批。

检查方法：检查预检记录。

5. 大木构件安装之前，应检查柱顶石摆放的质量并进行预检。

检查数量：按批量检查，不少于一个检验批。

检查方法：检查预检记录。

6. 木材的常用树种

1）针叶植物

（1）红松（又名果松、海松），主要用于制作门窗、屋架、柱、梁、枋、檩条、斗拱及其他构件。材质轻软，纹理直，结构适中，干燥性能良好，不宜翘曲、开裂，耐久性强，易加工。

（2）鱼鳞云杉（又名鱼鳞松、白松），主要用于制作门窗、柱、梁、枋、檩条、斗拱及其他构件。材质轻软，纹理直，结构适中，细面均匀，易开裂，易干燥，易加工。

（3）樟子松（又名蒙古赤松、海松），主要用于制作柱、梁、枋、檩条、斗拱及其他构件。材质轻软，纹理直，较红松硬，结构适中细面均匀，易干燥，易加工。

（4）马尾松，主要用于制作柱、梁、枋、檩条及其他构件。材质中硬，纹理直或斜不均，结构适中，质粗，易开裂。

（5）落叶松，主要用于制作柱、梁、枋、檩条、椽子、望板及其他构件。材质坚硬，纹理直或斜不均，结构适中，耐腐蚀性强，易开裂。

（6）冷杉（又名臭松、白松），主要用于制作柱、屋架、梁、枋、檩条、门窗及其他构件。材质轻软，纹理直，结构略粗，均匀，易干燥，易加工。

（7）杉木（又名建杉、广杉），主要用于制作柱、梁、枋、檩条、门窗及其他构件。材质轻软，纹理直，结构适中，质粗，均匀，耐久性强，易干燥，易加工。

2）阔叶植物

（1）水曲柳，主要用于制作楼梯栏杆扶手、地板及其他构件。材质较坚硬，纹理直，结构适中，耐腐蚀性强，不易干燥，不易加工。

（2）核桃楸，主要用于制作楼梯栏杆扶手、地板、细木装修及其他构件。材质较软，纹理直，结构适中，耐久性强，干燥易翘曲，易加工。

（3）柞木，主要用于制作梁、枋、檩条及其他构件。材质轻硬，纹理直，结构略细，不易干燥，不易加工。

（4）杨木（毛白杨），主要用于细木装修及制作其他构件。材质较软，纹理直，结构细，耐久性强，干燥易翘曲，易加工。

（5）核桃木，主要用于细木装修及制作其他构件。材质较软，纹理直，结构细，耐久性强，干燥性能良好，易加工。

（6）榆木（本地榆），主要用于制作柱、梁、枋、檩条、椽子及其他构件。材质偏硬，纹理直或斜不均，结构适中，干燥易变形，耐腐蚀性强。

（7）椴木，主要用于细木装饰及制作其他构件。材质较软，纹理直，结构细，耐久性强、干燥性能良好，易加工。

（8）楠木，主要用于制作柱、梁、枋、檩条、细木装饰及其他构件。材质较软，纹理直，结构细，耐久性强，干燥性能良好，易加工。

7. 常用木材的构造

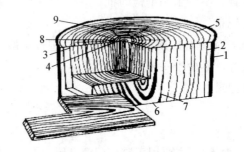

图 5.1.1　木材的构造

1—外皮；2—形成层；3—边材；4—心材；5—年轮；6—春材；7—晚材；8—髓心；9—正心材

8. 常见木材加工干燥过程的变形

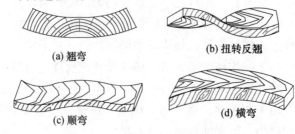

(a) 翘弯　　　　　　　　　(b) 扭转反翘

(c) 顺弯　　　　　　　　　(d) 横弯

图 5.1.2　木材断面变形

9. 常见的木材缺陷

节子：活节，活节与周围木材紧密相连，质地坚硬，构造正常，基本不视为缺陷；死节，死节与周围木材或部分脱离或完全脱离，质地坚硬。死硬节或松软节，有松动，或腐朽或脱落；漏节，是指因严重腐朽而破坏或脱落的木材节子。漏节不仅本身的木质构造已遭到大部分破坏，成筛孔状、粉末状或空洞，且其腐朽已深入到树干内部。因此，漏节也是树干或原木内部腐朽的标志之一。

二、柱类构件制作与安装、木材质量验收记录表

表 5-1-1

| 工程名称 | | | 分项工程名称 | | 验收部位 | |
|---|---|---|---|---|---|---|
| 施工单位 | | | | | 项目经理 | |
| 执行标准名称及编号 | | | | | 专业工长 | |
| 分包单位 | | | | | 施工班组长 | |

| 质量验收规范的规定、检验方法：观察检查、实测检查 | | | 施工单位检查评定记录 | 监理（建设）单位验收记录 |
|---|---|---|---|---|
| 主控项目 | 柱类构件 | 腐朽 | 不允许 | | |
| | | 木节 | 构件任意一面，任何长度在150mm以内的木节，其直径的总和不得大于所在面宽的2/5 | | |
| | | 斜纹 | 斜率不大于12％ | | |
| | | 虫蛀 | 允许表面有轻微的虫眼 | | |
| | | 裂缝 | 1. 外部裂缝深度不超过直径的1/3；<br>2. 径裂不大于直径的1/3；<br>3. 不允许轮裂 | | |
| | | 含水率 | 不大于25％ | | |

| 一般项目 | | 项目 | 允许偏差 | 实测检查 | | | | | | | | 合格率（％） |
|---|---|---|---|---|---|---|---|---|---|---|---|---|
| | | 腐朽 | 按主控项目 | | | | | | | | | |
| | | 木节 | | | | | | | | | | |
| | | 斜纹 | | | | | | | | | | |
| | | 虫蛀 | | | | | | | | | | |
| | | 裂缝 | | | | | | | | | | |
| | | 含水率 | | | | | | | | | | |

| 施工单位检查评定结果 | 主控项目 | |
|---|---|---|
| | 一般项目 | |
| | 项目专业质量检查员：<br>项目专业质量（技术）负责人：<br><br>年　　月　　日 | |

| 监理（建设）单位验收结论 | 监理工程师或建设单位项目技术负责人：<br><br>年　　月　　日 |
|---|---|

### 三、梁类构件制作与安装、木材质量验收记录表

表 5-1-2

| 工程名称 | | 分项工程名称 | | 验收部位 | |
|---|---|---|---|---|---|
| 施工单位 | | | | 项目经理 | |
| 施工执行标准名称及编号 | | | | 专业工长 | |
| 分包单位 | | | | 施工班组长 | |

| 质量验收规范的规定、检验方法：观察检查、实测检查 | | | | 施工单位检查评定记录 | 监理（建设）单位验收记录 |
|---|---|---|---|---|---|
| 主控项目 | 梁类构件 | 腐朽 | 不允许 | | |
| | | 木节 | 构件任意一面，任何长度在150mm以内，其木节直径的总和不得大于所在面宽的1/3 | | |
| | | 斜纹 | 斜率不大于8% | | |
| | | 虫蛀 | 不允许 | | |
| | | 裂缝 | 1. 外部裂缝深度不超过直径的1/3；2. 径裂不大于直径（或材厚）的1/3；3. 不允许轮裂 | | |
| | | 含水率 | 原木或方木不大于25% | | |

| | | 项目 | 允许偏差 | 实际偏差 | | | | | | | 合格率（%） | |
|---|---|---|---|---|---|---|---|---|---|---|---|---|
| 一般项目 | | 腐朽 | 按主控项目 | | | | | | | | | |
| | | 木节 | | | | | | | | | | |
| | | 斜纹 | | | | | | | | | | |
| | | 虫蛀 | | | | | | | | | | |
| | | 裂缝 | | | | | | | | | | |
| | | 含水率 | | | | | | | | | | |

| | 主控项目 | |
|---|---|---|
| | 一般项目 | |
| 施工单位检查评定结果 | 项目专业质量检查员：<br>项目专业质量（技术）负责人：<br><br>年　月　日 | |
| 监理（建设）单位验收结论 | 监理工程师或建设单位项目技术负责人：<br><br>年　月　日 | |

四、枋类构件制作与安装、木材质量验收记录表

表 5-1-3

| 工程名称 | | | 分项工程名称 | | 验收部位 | |
|---|---|---|---|---|---|---|
| 施工单位 | | | | | 项目经理 | |
| 施工执行标准名称及编号 | | | | | 专业工长 | |
| 分包单位 | | | | | 施工班组长 | |
| 质量验收规范的规定、检验方法：观察检查、实测检查 | | | | 施工单位检查评定记录 | 监理（建设）单位验收记录 | |
| 主控项目 | 枋类构件 | 腐朽 | 不允许 | | | |
| | | 木节 | 任意面，长度在150mm以内，活节不大于1/3，榫卯大于25％，死节不大于截面积的5％ | | | |
| | | 斜纹 | 斜率不大于8％ | | | |
| | | 虫蛀 | 不允许 | | | |
| | | 裂缝 | 1. 卯榫处不允许；2. 其他外部裂缝径裂不大于直径（材厚）的1/3；3. 不允许轮裂 | | | |
| | | 含水率 | 方木不大于25％ | | | |

| 一般项目 | 项目 | 允许偏差 | 实际偏差 | | | | | | 合格率（％） |
|---|---|---|---|---|---|---|---|---|---|
| | 腐朽 | 按主控项目 | | | | | | | |
| | 木节 | | | | | | | | |
| | 斜纹 | | | | | | | | |
| | 虫蛀 | | | | | | | | |
| | 裂缝 | | | | | | | | |
| | 含水率 | | | | | | | | |

| 施工单位检查评定结果 | 主控项目 | |
|---|---|---|
| | 一般项目 | |
| | 项目专业质量检查员：<br>项目专业质量（技术）负责人：<br><br>年　月　日 | |

| 监理（建设）单位验收结论 | 监理工程师或建设单位项目技术负责人：<br><br>年　月　日 |
|---|---|

五、板类构件制作与安装、木材质量验收记录表

表 5-1-4

| 工程名称 | | 分项工程名称 | | 验收部位 | |
|---|---|---|---|---|---|
| 施工单位 | | | | 项目经理 | |
| 施工执行标准名称及编号 | | | | 专业工长 | |
| 分包单位 | | | | 施工班组长 | |

| 质量验收规范的规定、检验方法：观察检查、实测检查 | | | | 施工单位检查评定记录 | 监理（建设）单位验收记录 |
|---|---|---|---|---|---|
| 主控项目 | 板类构件 | 腐朽 | 不允许 | | |
| | | 木节 | 任意面，长度在 150mm 内，活节不大于面宽 1/3 | | |
| | | 斜纹 | 斜率不大于 8％ | | |
| | | 虫蛀 | 不允许 | | |
| | | 裂缝 | 不大于（材厚）的 1/4 | | |
| | | 含水率 | 原木或方木不大于 25％ | | |
| 一般项目 | | 项目 | 允许偏差 | 实际偏差 | 合格率（％） |
| | | 腐朽 | 按主控项目 | | |
| | | 木节 | | | |
| | | 斜纹 | | | |
| | | 虫蛀 | | | |
| | | 裂缝 | | | |
| | | 含水率 | | | |

| 施工单位检查评定结果 | 主控项目 | |
|---|---|---|
| | 一般项目 | |
| | 项目专业质量检查员：<br>项目专业质量（技术）负责人：<br><br>年　　月　　日 | |

| 监理（建设）单位验收结论 | 监理工程师或建设单位项目技术负责人：<br><br>年　　月　　日 |
|---|---|

六、檩（桁）类构件制作与安装、木材质量验收记录表

表 5-1-5

| 工程名称 | | 分项工程名称 | | 验收部位 | |
|---|---|---|---|---|---|
| 施工单位 | | | | 项目经理 | |
| 施工执行标准名称及编号 | | | | 专业工长 | |
| 分包单位 | | | | 施工班组长 | |

| 质量验收规范的规定、检验方法：观察检查、实测检查 | | | 施工单位检查评定记录 | 监理（建设）单位验收记录 |
|---|---|---|---|---|
| 主控项目 | 檩（桁）类构件 | 腐朽 | 不允许 | | |
| | | 木节 | 任意面，长度在 150mm 内，活节不大于圆周长的 1/3，单个木节不大于檩径的 1/6 | | |
| | | 斜纹 | 斜率不大于 8％ | | |
| | | 虫蛀 | 不允许 | | |
| | | 裂缝 | 1. 榫卯处不允许；<br>2. 其他处不得大于檩径的 1/3 | | |
| | | 含水率 | 原木或方木不大于 20％ | | |

| | | 项目 | 允许偏差 | 实际偏差 | 合格率（％） |
|---|---|---|---|---|---|
| 一般项目 | | 腐朽 | 按主控项目 | | |
| | | 木节 | | | |
| | | 斜纹 | | | |
| | | 虫蛀 | | | |
| | | 裂缝 | | | |
| | | 含水率 | | | |

| 施工单位检查评定结果 | 主控项目 | |
|---|---|---|
| | 一般项目 | |
| | 项目专业质量检查员：<br>项目专业质量（技术）负责人：<br><br>　　　　　　　　　　　　　　年　　月　　日 | |

| 监理（建设）单位验收结论 | 监理工程师或建设单位项目技术负责人：<br><br><br>　　　　　　　　　　　　　　年　　月　　日 |
|---|---|

## 七、斗拱类构件（一）制作与安装、木材质量验收记录表

表 5-1-6

| 工程名称 | | | 分项工程名称 | | 验收部位 | |
|---|---|---|---|---|---|---|
| 施工单位 | | | | | 项目经理 | |
| 施工执行标准名称及编号 | | | | | 专业工长 | |
| 分包单位 | | | | | 施工班组长 | |

| | | | 质量验收规范的规定、检验方法：观察检查、实测检查 | 施工单位检查评定记录 | 监理（建设）单位验收记录 |
|---|---|---|---|---|---|
| 主控项目 | 斗拱类构件（大斗） | 腐朽 | 不允许 | | |
| | | 木节 | 1. 任意面，长度在 150mm 内，所有木节直径的总和不得大于所在面宽的 2/5；<br>2. 不允许死节 | | |
| | | 斜纹 | 斜率不大于12% | | |
| | | 虫蛀 | 不允许 | | |
| | | 裂缝 | 不允许 | | |
| | | 含水率 | 方木不大于18％ | | |

| | | 项目 | 允许偏差 | 实际偏差 | | | | | | | 合格率（％） |
|---|---|---|---|---|---|---|---|---|---|---|---|
| 一般项目 | | 腐朽 | 按主控项目 | | | | | | | | |
| | | 木节 | | | | | | | | | |
| | | 斜纹 | | | | | | | | | |
| | | 虫蛀 | | | | | | | | | |
| | | 裂缝 | | | | | | | | | |
| | | 含水率 | | | | | | | | | |

| 施工单位<br>检查评定结果 | 主控项目 | |
|---|---|---|
| | 一般项目 | |
| | 项目专业质量检查员：<br>项目专业质量（技术）负责人：<br><br>年　　月　　日 | |

| 监理（建设）单位<br>验收结论 | 监理工程师或建设单位项目技术负责人：<br><br>年　　月　　日 |
|---|---|

## 八、斗拱类构件（二）制作与安装、木材质量验收记录表

表 5-1-7

| 工程名称 | | | 分项工程名称 | | 验收部位 | |
|---|---|---|---|---|---|---|
| 施工单位 | | | | | 项目经理 | |
| 施工执行标准名称及编号 | | | | | 专业工长 | |
| 分包单位 | | | | | 施工班组长 | |

| | | 质量验收规范的规定、检验方法：观察检查、实测检查 | | 施工单位检查评定记录 | | 监理（建设）单位验收记录 | |
|---|---|---|---|---|---|---|---|
| 主控项目 | 斗拱类构件（翘、昂、耍头撑头木、桁碗、单材拱、足材拱） | 腐朽 | 不允许 | | | | |
| | | 木节 | 1. 任意面 150mm 长度内，所有木节直径的总和不得大于所在面宽的 1/4；<br>2. 不允许死节 | | | | |
| | | 斜纹 | 斜率不大于 10% | | | | |
| | | 虫蛀 | 不允许 | | | | |
| | | 裂缝 | 不允许 | | | | |
| | | 含水率 | 方木不大于 18% | | | | |
| 一般项目 | | 项目 | 允许偏差 | 实际偏差 | | | 合格率（%） |
| | | 腐朽 | 按主控项目 | | | | |
| | | 木节 | | | | | |
| | | 斜纹 | | | | | |
| | | 虫蛀 | | | | | |
| | | 裂缝 | | | | | |
| | | 含水率 | | | | | |

| 施工单位检查评定结果 | 主控项目 | |
|---|---|---|
| | 一般项目 | |
| | 项目专业质量检查员：<br>项目专业质量（技术）负责人：<br><br>　　　　　　　　　　年　　月　　日 | |

| 监理（建设）单位验收结论 | 监理工程师或建设单位项目技术负责人：<br><br>　　　　　　　　　　年　　月　　日 |
|---|---|

## 九、斗拱类构件（三）制作与安装、木材质量验收记录表

表 5-1-8

| 工程名称 | | | 分项工程名称 | | | | 验收部位 | |
|---|---|---|---|---|---|---|---|---|
| 施工单位 | | | | | | | 项目经理 | |
| 施工执行标准名称及编号 | | | | | | | 专业工长 | |
| 分包单位 | | | | | | | 施工班组长 | |

| 质量验收规范的规定、检验方法；观察检查、实测检查 | | | | 施工单位检查评定记录 | 监理（建设）单位验收记录 |
|---|---|---|---|---|---|
| 主控项目 | 斗拱类构件正心枋、内外拽枋 | 腐朽 | 不允许 | | |
| | | 木节 | 任意面，150mm 内，所有木节直径的总和不得大于所在面宽的 2/5 | | |
| | | 斜纹 | 斜率不大于10% | | |
| | | 虫蛀 | 不允许 | | |
| | | 裂缝 | 不允许 | | |
| | | 含水率 | 方木不大于18% | | |

| | | 项目 | 允许偏差 | 实际偏差 | | | | | | 合格率（%） |
|---|---|---|---|---|---|---|---|---|---|---|
| 一般项目 | | 腐朽 | 按主控项目 | | | | | | | |
| | | 木节 | | | | | | | | |
| | | 斜纹 | | | | | | | | |
| | | 虫蛀 | | | | | | | | |
| | | 裂缝 | | | | | | | | |
| | | 含水率 | | | | | | | | |

| 施工单位检查评定结果 | 主控项目 | |
|---|---|---|
| | 一般项目 | |
| | 项目专业质量检查员：<br>项目专业质量（技术）负责人：<br><br>年　月　日 | |

| 监理（建设）单位验收结论 | <br><br>监理工程师或建设单位项目技术负责人：<br><br>年　月　日 |
|---|---|

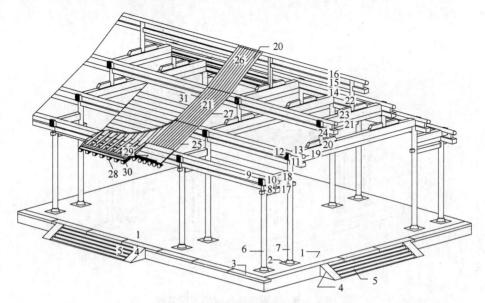

图 5.1.3　硬山建筑木构架构件名称

1—台阶；2—柱顶石；3—阶条石；4—垂带石；5—踏跺；6—檐柱；7—金柱；8—檐枋；9—檐垫板；
10—檐檩；11—金枋；12—金垫板；13—金檩；14—脊檩枋；15—脊垫板；16—脊檩；17—穿插枋；
18—抱头梁；19—随梁枋；20—五架梁；21—三架梁；22—脊瓜柱；23—脊角背；24—金瓜柱；25—檐椽；
26—脑椽；27—花架椽；28—飞椽；29—小连檐；30—大连檐；31—望板

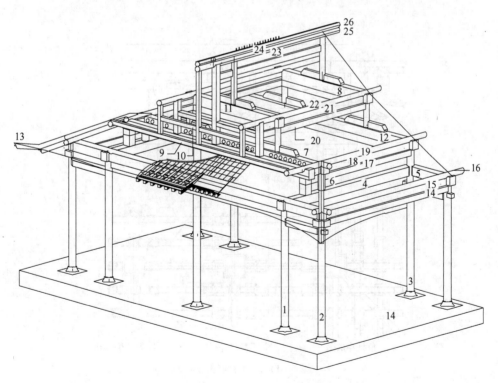

图 5.1.4　歇山建筑木构架构件名称

1—檐柱；2—角檐柱；3—金柱；4—顺梁；5—抱头梁；6—交金墩；7—踩步金；8—三架梁；9—踏脚木；
10—穿梁；11—草架柱；12—五架梁；13—角梁；14—檐垫板；15—檐垫板；16—檐檩；17—下金檩；18—下金垫板；
19—下金檩；20—上金枋；21—上金垫板；22—上金檩；23—脊枋；24—脊垫板；25—脊檩；26—扶脊木

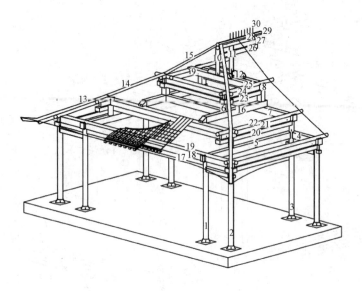

图 5.1.5　庑殿建筑木构架构件名称

1—檐柱；2—角檐柱；3—金柱；4—抱头梁；5—顺梁；6—交金瓜柱；7—五架梁；8—三架梁；9—太平梁；
10—雷公柱；11—脊瓜柱；12—脊角背；13—角梁；14—由戗；15—脊由戗；16—扒梁；17—檐枋；18—檐垫板；
19—檐檩；20—金枋；21—金垫板；22—金檩；23—上金枋；24—上金垫板；25—上金檩；26—脊垫板；27—脊垫板；
28—脊檩；29—扶脊木；30—脊桩

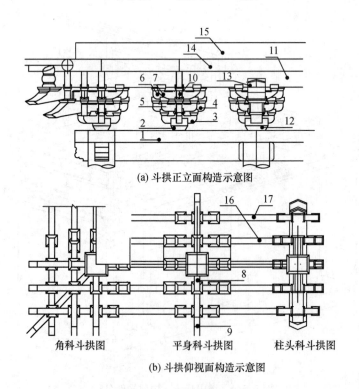

(a) 斗拱正立面构造示意图

角科斗拱图　　　平身科斗拱图　　　柱头科斗拱图

(b) 斗拱仰视面构造示意图

图 5.1.6　斗拱构造示意图

1—平板枋；2—平身科坐斗；3—正心瓜拱；4—正心万拱；5—单才瓜拱；6—单才万拱；7—厢拱；8—翘；9—昂；
10—蚂蚱头；11—挑檐枋；12—柱头科坐斗；13—挑尖梁头；14—挑檐桁；15—正心桁；16—拽枋；17—井口枋

# 第二节 柱类木构件制作

一、主控项目

柱类构件指檐柱、金柱、（老檐柱）、中柱、山柱、童柱、通柱等各类圆形或方形截面的柱。

1. 檐柱或建筑物最外圈柱子必须按设计要求做出侧脚，侧脚大小应符合各朝代有关营造法式或设计规定。

检查数量：按批量检查，不少于一个检验批。

检查方法：吊线检查、观察检查、实测检查。

2. 柱子榫卯规格尺寸及做法：

柱子榫卯：山下端馒头榫、管脚榫不得小于该端柱径的 1/4，不得大于柱径的 3/10，榫子直径（或截面积）、相同。

3. 柱上端枋口深度不应小于柱径的 1/4，不应大于柱径的 3/10；枋子口最宽处不应大于柱径的 3/10，不应小于柱径的 1/4。

4. 柱身半眼深度不得大于柱径的 1/2，不得小于柱径的 1/3；柱身透眼均采用大进小出的做法，卯眼的部分，深度要求同半眼。

5. 各种半眼、透眼的宽度，圆柱不得超过柱径的 1/4，方柱不得超过柱截面的 3/10。

检查数量：按批量检查，不少于一个检验批。

检验方法：观察检查、实测检查。

6. 古建筑的柱子榫卯规格及构造做法须符合法式的要求或按原做法保持不变。

检验方法：观察检查、实测检查。

二、一般项目

符合设计要求，两端对应中线平行，不绞线，无明显疵病。

允许偏差项目：木柱制作允许偏差。

检查数量：按批量检查，不少于一个检验批。检查抽查 10/100，不少于 3 件。

检验方法：

1. 构件长度（柱高）：实测；

2. 构件直径或截面宽（柱径）：实测；

3. 中线、升线位置：尺量或搭尺目测；

4. 柱根、柱头：用平板尺搭尺实测；

5. 卯眼底面和内壁：用平板尺搭尺实测。

各类柱的榫卯节点及构造如图 5.2.1～图 5.2.7 所示。

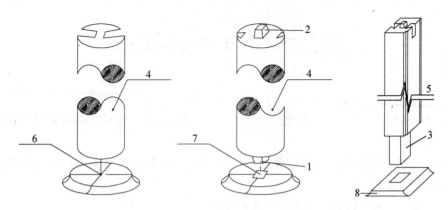

图 5.2.1  柱、管脚榫、馒头榫、套顶榫构造节点

1—管脚榫；2—馒头榫；3—套顶榫；4—圆柱；5—梅花方柱；6—柱顶石；

7—柱顶石海眼；8—柱顶石透眼

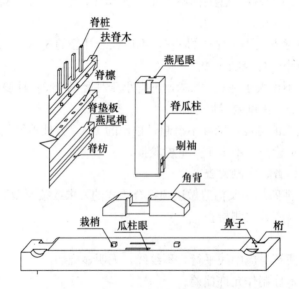

图 5.2.2  脊瓜柱、角背、扶脊木节点构造

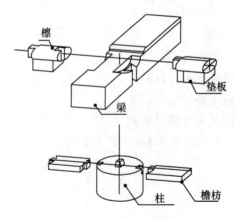

图 5.2.3  柱、梁、枋、垫板节点构造

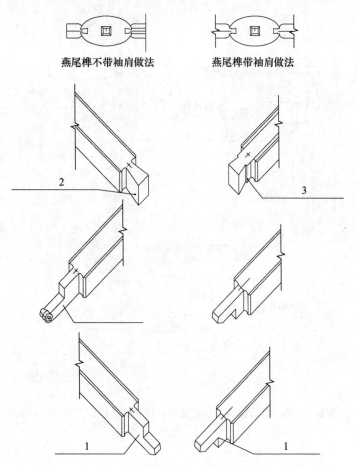

燕尾榫不带袖肩做法　　　　燕尾榫带袖肩做法

图 5.2.4　燕尾榫与透榫节点构造
1—透榫（大进小出）；2—不带袖肩；3—带袖肩

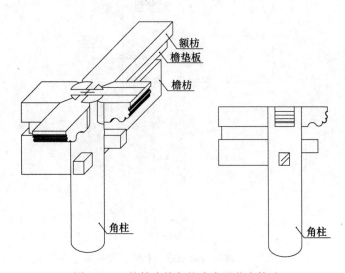

图 5.2.5　柱箍头榫与柱头卯眼节点构造

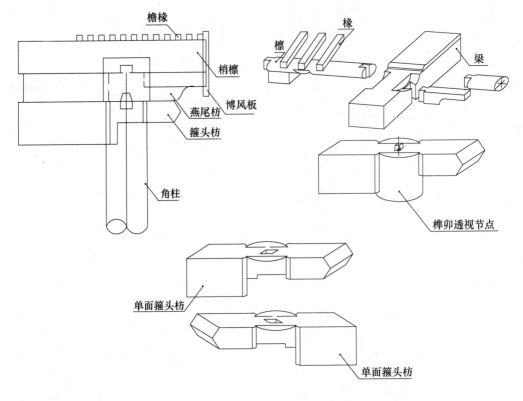

图 5.2.6　悬山梢间檩条，小式建筑，箍头、枋榫卯分解构造示意图

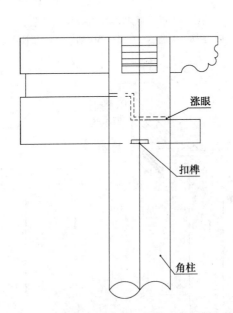

图 5.2.7　柱榫结合处涨眼、扣榫、角柱节点构造

### 三、柱类木构件制作质量验收记录表

**表 5-2-1**

| 工程名称 | | | 分项工程名称 | | 验收部位 | |
|---|---|---|---|---|---|---|
| 施工单位 | | | | | 项目经理 | |
| 执行标准名称及编号 | | | | | 专业工长 | |
| 分包单位 | | | | | 施工班组长 | |

| | | | 质量验收规范的规定、检验方法：观察检查、实测检查 | 施工单位检查评定记录 | 监理（建设）单位验收记录 |
|---|---|---|---|---|---|
| 主控项目 | 各柱类木构件（檐柱、金柱、中柱、山柱、童柱、通柱） | 1 | 各檐柱检查侧脚，符合各法式的要求，吊线检查 | | |
| | | 2 | 柱子榫卯：山下端馒头榫、管脚榫不得小于该端柱径的1/4，不得大于柱径3/10，榫子直径（或截面积）相同 | | |
| | | 3 | 柱上端枋口深度不应小于柱径的1/4，不应大于柱径的3/10，枋子口最宽处不应大于柱径的3/10，不应小于柱径的1/4 | | |
| | | 4 | 柱身半眼深度不得大于柱径的1/2，不得小于柱径的1/3。柱身透眼均采用大进小出的做法，卯眼的部分，深度要求同半眼 | | |
| | | 5 | 各种半眼、透眼的宽度，圆柱不得超过柱径的1/4，方柱不得超过柱截面的3/10 | | |
| | | 6 | 古建筑的柱子榫卯规格及构造做法须符合法式的要求或按原做法保持不变 | | |

| | | | 符合设计要求，两端对应中线平行，不绞线，无明显疵病 | | | | | | | | | | | | |
|---|---|---|---|---|---|---|---|---|---|---|---|---|---|---|---|
| 一般项目 | 各柱类木构件 | | 项　目 | 允许偏差（mm） | 实测值（mm） | | | | | | | | | | 合格率（%） |
| | | | | | 1 | 2 | 3 | 4 | 5 | 6 | 7 | 8 | 9 | 10 | |
| | | 1 | 构件长度（柱高） | 柱自身高度的1/1000 | | | | | | | | | | | |
| | | 2 | 构件直径或截面宽（柱径） | 柱直径（或截面宽）的±1/50 | | | | | | | | | | | |
| | | 3 | 中线、升线位置 | 柱直径（或截面宽）的1/100 | | | | | | | | | | | |
| | | 4 | 柱根、柱头 | 柱径在300以内±1 | | | | | | | | | | | |
| | | | | 柱径在300～500以内±2 | | | | | | | | | | | |
| | | | | 柱径在500以上±3 | | | | | | | | | | | |
| | | 5 | 卯眼底面和内壁 | 柱径在300以内±1 | | | | | | | | | | | |
| | | | | 柱径在300～500以内±2 | | | | | | | | | | | |
| | | | | 柱径在500以上±3 | | | | | | | | | | | |

| 施工单位检查评定结果 | 主控项目 | |
|---|---|---|
| | 一般项目 | |
| | 项目专业质量检查员：<br>项目专业质量（技术）负责人：<br><br>　　　　　　　　　　　　　　　年　　月　　日 | |

| 监理（建设）单位验收结论 | 监理工程师或建设单位项目技术负责人：<br><br>　　　　　　　　　　　　　　　年　　月　　日 |
|---|---|

# 第三节　梁类构件制作

一、主控项目

梁类构件为架梁，单、双步梁，天花梁，斜梁，递角梁，挑尖梁，接尾梁，角梁，抹角梁，踩步金梁，承重梁等受弯承重构件。

1. 梁头桁碗的深度不得大于 1/2 檩径，不得小于 1/3 檩径。

2. 梁头垫板口子深度不得大于垫板自身厚度。

3. 梁头两侧檩碗之间必须有鼻子榫，榫宽为梁头的 1/2。承接梢檩的梁头做小鼻子榫，榫子高、宽不应小于檩径的 1/6，不得大于檩径的 1/5。

4. 趴梁、抹角梁与桁檩相交，梁头外端必须压过檩中线，过中悬线的长度不得小于 15% 檩径，梁端头上皮必须沿椽上皮抹角，大式建筑抹角梁端头如压在斗拱正心枋上，其搭置长度由正心枋中至梁外端头，不小于 3 斗口。

5. 趴梁、抹角梁与桁檩扣搭，其端头必须做成阶梯榫，榫头与桁檩咬合部分面积不得大于檩子截面积的 1/5，短趴梁做榫搭置在长趴梁时，其搭置长度不小于 1/2 趴梁宽，榫卯咬合部分面积不大于长趴梁自身截面积的 1/5。

6. 挑尖梁、抱头梁、天花梁，接尾梁等与柱相交，其榫子截面宽不小于梁自身截面宽的 1/5，不大于梁截面宽的 3/10，半榫长度不小于对应柱径的 1/3，不大于柱径的 1/2。

7. 古建梁的榫卯规格及做法必须符合法式的要求或按原做法保持不变。整榀梁架的步架举折须符合设计要求。

检验方法：观察检查、实测检查。

检查数量：按批量检查，不少于一个检验批。

二、一般项目

中线、平水线、抬头线、滚棱线等线条准确清晰，滚棱浑圆直顺，无明显疵病。

检查数量：按批量检查，不少于一个检验批，抽查 10/100，不少于 3 件。

检验方法：观察检查。

梁类构件检验方法：

检查数量：按批量检查，不少于一个检验批，抽查 10/100，不少于 3 件。

检验方法：

1. 梁长度（梁长度中线之间的距离）：用丈杆或钢尺校核。

2. 构件截面尺寸构件截面高度：尺量。

3. 构件截面尺寸构件截面高度：尺量。

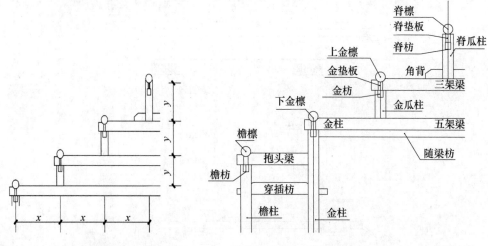

图 5.3.1 七檩小式建筑常用举架示意　　图 5.3.2 七檩小式建筑木构架各部名称

柱：檐柱、金柱、金瓜柱、脊瓜柱
枋：穿插枋、檐枋、随梁枋、脊枋
檩：檐檩、下金檩、上金檩、脊檩
梁：抱头梁、五架梁、三架梁

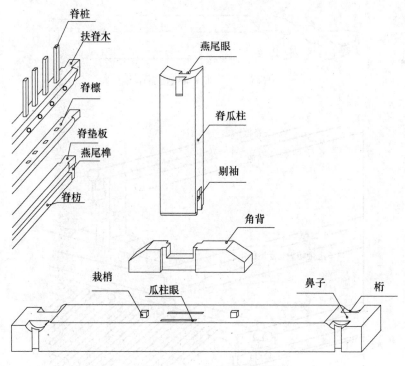

图 5.3.3 三架梁构造制作

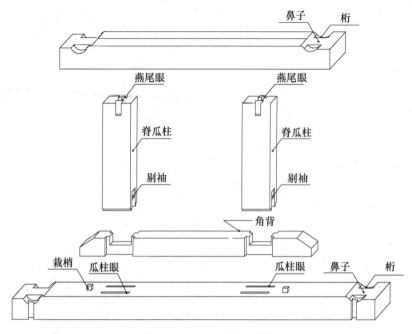

图 5.3.4　四架梁构造制作

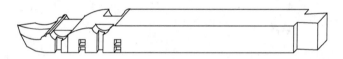

图 5.3.5　挑尖梁构造制作

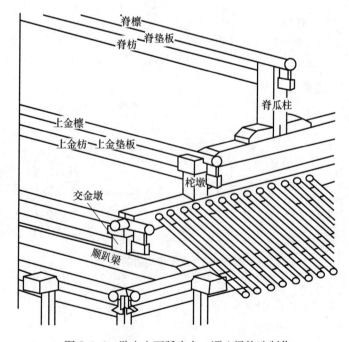

图 5.3.6　歇山山面踩步金、顺八梁构造制作

### 三、梁类木构件制作质量验收记录表

**表 5-3-1**

| 工程名称 | | | | 分项工程名称 | | 验收部位 | |
|---|---|---|---|---|---|---|---|
| 施工单位 | | | | | | 项目经理 | |
| 执行标准名称及编号 | | | | | | 专业工长 | |
| 分包单位 | | | | | | 施工班组长 | |

| | | | 质量验收规范的规定、检验方法：观察检查、实测检查 | 施工单位检查评定记录 | 监理（建设）单位验收记录 |
|---|---|---|---|---|---|
| 主控项目 | 梁类木构件（架梁、单步梁、双步梁、天花梁、斜梁、递角梁、挑尖梁、接尾梁，角梁、抹角梁、踩步金梁、承重梁等受弯承重构件） | 1 | 梁头桁碗的深度不得大于1/2檩径，不得小于1/3檩径 | | |
| | | 2 | 梁头垫板口子深度不得大于垫板自身厚度 | | |
| | | 3 | 梁头两侧檩碗之间必须有鼻子榫，榫宽为梁头的1/2。承接梢檩的梁头做小鼻子榫，榫子高、宽不应小于檩径的1/6，不得大于檩径的1/5 | | |
| | | 4 | 趴梁、抹角梁与桁檩相交，梁头外端必须压过檩中线，过中悬线的长度不得小于15%檩径，梁端头上皮必须沿椽上皮抹角，大式建筑抹角梁端头如压在斗拱正心枋上，其搭置长度由正心枋中至梁外端头，不小于3斗口 | | |
| | | 5 | 趴梁、抹角梁与桁檩扣搭，其端头必须做成阶梯榫，榫头与桁檩咬合部分面积不得大于檩子截面积的1/5，短趴梁做榫搭置在长趴梁时，其搭置长度不小于1/2趴梁宽，榫卯咬合部分面积不大于长趴梁自身截面积1/5 | | |
| | | 6 | 挑尖梁、抱头梁、天花梁、接尾梁等与柱相交，其榫子截面宽不小于梁自身截面宽的1/5，不大于梁截面宽的3/10，半榫长度不小于对应柱径的1/3，不大于柱径的1/2 | | |
| | | 7 | 古建梁的榫卯规格及做法必须符合法式的要求或按原做法保持不变。整榀梁架的步架举折须符合设计要求 | | |
| | | 8 | 中线、平水线、抬头线、滚棱线等线条准确清晰，滚棱浑圆直顺，无明显疵病 | | |

| | | | 项目 | 允许偏差（mm） | 实测值（mm） | | | | | | | | | | 合格率（%） |
|---|---|---|---|---|---|---|---|---|---|---|---|---|---|---|---|
| | | | | | 1 | 2 | 3 | 4 | 5 | 6 | 7 | 8 | 9 | 10 | |
| 一般项目 | | 1 | 梁长度（梁长度中线之间的距离） | ±0.05% | | | | | | | | | | | |
| | | 2 | 构件截面尺寸构件截面高度 | 梁截面高度±1/30（增高不限） | | | | | | | | | | | |
| | | 3 | 构件截面尺寸构件截面高度 | 截面宽±1/20 | | | | | | | | | | | |

| 施工单位检查评定结果 | 主控项目 | |
|---|---|---|
| | 一般项目 | |
| | 项目专业质量检查员：<br>项目专业质量（技术）负责人：<br><br>年　月　日 | |
| 监理（建设）单位验收结论 | 监理工程师或建设单位项目技术负责人：<br><br>年　月　日 | |

# 第四节　枋类构件

一、主控项目

枋类构件指檐枋、金枋、脊枋、大额枋、小额枋、随梁枋、穿插枋、跨空枋、天花枋、承椽枋、棋枋、关门枋等。檐枋构造如图 5.4.1 所示、搭交箍头枋构造如图 5.4.2 所示。

1. 檐枋、金枋、脊枋、额枋等端头作燕尾榫的枋子，燕尾榫长度不应小于对应柱径的 1/4，不应大于对应柱径的 3/10，榫子截面宽度要求同长度。"乍"和"溜"都应按截面宽度的 1/10 收分（每面收乍或收溜各按榫宽的 1/10）。

2. 穿插枋、跨空枋等拉接枋，必须做大进小出榫，榫厚为檐柱径的 1/5～1/4，半榫部分长度不得大于柱径的 1/2，不得小于柱径的 1/3。

3. 起拉结作用的枋（或梁）如端头只能作半榫，其下所施辅助拉结构件雀替或替木必须是具有拉结作用的通雀替或通替木。

4. 用于庑殿、歇山建筑转角处的枋或多角建筑的枋在角柱处相交时，必须做箍头榫，不得作假箍头榫，其榫厚度不得小于柱径的 1/4，不得大于柱径的 3/10。

5. 承椽枋、棋枋做榫子，截面宽度不应小于枋子自身截面宽的 1/4 或柱径的 1/5，榫长不得小于 1/3 柱径，承椽枋侧面椽碗深度不应小于 1/2 椽径。

6. 圆形、扇形建筑的檐枋、金枋、脊枋等弧形构件，其弧度必须符合样板。

检查数量：按批量检查，不少于一个检验批。

检验方法：观察检查、实测检查。

7. 古建梁的枋子榫卯规格及构造做法须符合法式的要求或按原做法保持不变。整榀梁架的步架举折须符合设计要求。

检验方法：观察检查、实测检查。

检查数量：按批量检查，不少于一个检验批，抽查 10/100，不少于 3 件。

8. 中线、滚楞线等线条准确清晰，滚楞浑圆直顺，无明显疵病。

检查数量：按批量检查，不少于一个检验批，抽查 10%，但不少于 3 件。

检验方法：观察检查。

二、一般项目

枋类构件制作的检验方法：观察检查、实测检查。

检查数量：按批量检查，不少于一个检验批，抽查10％，但不少于3件。

检验方法：观察检查、实测检验。

1. 截面尺寸：高度，尺量实测检查。

2. 截面尺寸：宽度，尺量实测检查。

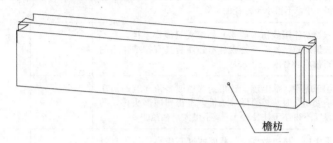

图 5.4.1 檐枋构造示意图

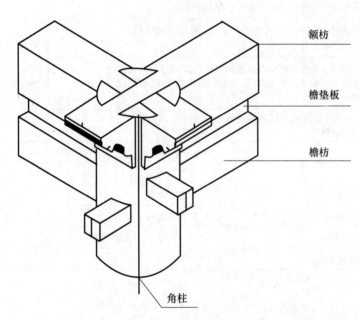

图 5.4.2 搭交箍头枋构造示意图

三、枋类木构件制作质量验收记录表

**表 5-4-1**

| 工程名称 | | 分项工程名称 | | 验收部位 | |
|---|---|---|---|---|---|
| 施工单位 | | | | 项目经理 | |
| 执行标准名称及编号 | | | | 专业工长 | |
| 分包单位 | | | | 施工班组长 | |
| 质量验收规范的规定、检验方法：观察检查、实测检查 | | | 施工单位检查评定记录 | 监理（建设）单位验收记录 | |

续表

| | | | | |
|---|---|---|---|---|
| 主控项目 | 枋类构件（檐枋、金枋、脊枋、大额枋、小额枋、随梁枋、穿插枋、跨空枋、天花枋、承椽枋、棋枋、关门枋等） | 1 | 檐枋、金枋、脊枋、额枋等端头作燕尾榫的枋子，燕尾榫长度不应小于对应柱径的1/4，不应大于对应柱径的3/10，榫子截面宽度要求同长度。"乍"和"溜"都应按截面宽度的1/10收分（每面收乍或收溜各按榫宽的1/10） | |
| | | 2 | 穿插枋、跨空枋等拉接枋，必须做大进小出榫，榫厚为檐柱径的1/5~1/4，其半榫部分长度不得大于柱径的1/2，不得小于柱径的1/3 | |
| | | 3 | 起拉结作用的枋（或梁）如端头只能作半榫，其下所施辅助拉结构件雀替或替木必须是具有拉结作用的通雀替或通替木 | |
| | | 4 | 用于庑殿、歇山建筑转角处的枋或多角建筑的枋在角柱处相交时，必须做箍头榫，不得作假箍头榫，其榫厚度不得小于柱径的1/4，不得大于柱径的3/10 | |
| | | 5 | 承椽枋、棋枋做榫子，截面宽度不应小于枋子自身截面宽的1/4或柱径的1/5，榫长不得小于1/3柱径，承椽枋侧面椽碗深度不应小于1/2椽径 | |
| | | 6 | 圆形、扇形建筑的檐枋、金枋、脊枋等弧形构件，其弧度必须符合样板 | |
| | | 7 | 古建梁的榫卯规格及做法须符合法式的要求或按原做法保持不变。整榀梁架的步架的举折须符合设计要求 | |
| | | 8 | 中线、滚棱线等线条准确清晰，滚棱浑圆直顺，无明显疵病 | |

| 一般项目 | 项　目 | | 允许偏差（mm） | 实测值（mm） | | | | | | | | | | 合格率（%） |
|---|---|---|---|---|---|---|---|---|---|---|---|---|---|---|
| | | | | 1 | 2 | 3 | 4 | 5 | 6 | 7 | 8 | 9 | 10 | |
| | 1 | 截面尺寸 | 高度 | ±1/60 截面高度 | | | | | | | | | | |
| | 2 | 截面尺寸 | 宽度 | ±1/30 截面宽度 | | | | | | | | | | |

| | | |
|---|---|---|
| 施工单位检查评定结果 | 主控项目 | |
| | 一般项目 | |
| | 项目专业质量检查员：<br>项目专业质量（技术）负责人：<br><br><br>年　　月　　日 | |
| 监理（建设）单位验收结论 | 监理工程师或建设单位项目技术负责人：<br><br><br>年　　月　　日 | |

# 第五节　檩（桁）类构件制作

一、主控项目

檩（桁）类构件指檐檩、金檩、脊檩、正心桁、挑檐桁、金桁、脊桁、扶脊木等。板枋刻半搭交、檩条卡腰搭交做法如图 5.5.1 所示。

1. 檩（桁）节点、榫卯规格构造，通常延续连接接头处燕尾榫的长、宽均不小于檩（桁）径的 1/4，不大于 3/10 的做法。

2. 两檩（桁）以 90°或其他角度或多檩扣搭相交时，凡能做搭交榫的均须做搭交榫（马蜂腰榫），榫截面积不小于檩桁截面积的 1/3。

3. 檩（桁）与其他构件（如枋、垫板、扶脊木）相叠时必须在叠置面（底面或上面）做出金盘，金盘宽不大于檩（桁）径的 3/10，不小于檩（桁）的 1/4。

4. 圆形、扇形建筑的檐檩、金檩、脊檩等弧形构件，其弧度须符合样板。

5. 扶脊木两侧椽碗深度不小于椽径的 1/3，不大于椽径的 1/2。

6. 古建筑的枋子榫卯规格及构造做法须符合法式的要求或按原做法保持不变。

检查数量：按批量检查，不少于一个检验批，抽查 10%，但不少于 3 件。

检验方法：观察检查、实测检查。

二、一般项目

中线、滚棱线等线条准确清晰，滚棱浑圆直顺，无明显疵病。

检查数量：按批量检查，不少于一个检验批，抽查 10%，但不少于 3 件。

检验方法：观察检查。

檩（桁）类构件制作的检验方法：

检查数量：按批量检查，不少于一个检验批，抽查 10%，但不少于 3 件。

检验方法：观察检查、实测检查。

1. 直径，尺量实测检查。

2. 扶脊木椽碗中距，尺量实测检查。

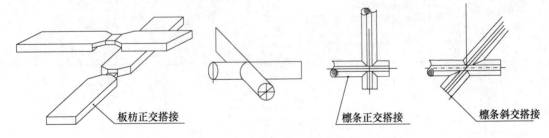

板枋正交搭接　　　檩条正交搭接　　　檩条斜交搭接

图 5.5.1　板枋刻半搭交、檩条卡腰搭交做法

### 三、檩（桁）类木构件制作质量验收记录表

**表 5-5-1**

| 工程名称 | | | | 分项工程名称 | | 验收部位 | |
|---|---|---|---|---|---|---|---|
| 施工单位 | | | | | | 项目经理 | |
| 执行标准名称及编号 | | | | | | 专业工长 | |
| 分包单位 | | | | | | 施工班组长 | |

| 质量验收规范的规定、检验方法：观察检查、实测检查 | | | | 施工单位检查评定记录 | 监理（建设）单位验收记录 |
|---|---|---|---|---|---|
| 主控项目 | 檩（桁）类构件（檐檩、金檩、脊檩、正心桁、挑檐桁、金桁、脊桁、扶脊木等） | 1 | 檩（桁）节点、榫卯规格构造，通常延续连接接头处燕尾榫的长、宽均不小于檩（桁）径的 1/4，不大于檩径 3/10 的做法 | | |
| | | 2 | 两檩（桁）以 90°或其他角度或多檩扣搭相交时，凡能做搭交榫的均须做搭交榫（马蜂腰榫），榫截面积不小于檩桁截面积的 1/3 | | |
| | | 3 | 檩（桁）与其他构件（如枋、垫板、扶脊木）相叠时必须在叠置面（底面或上面）做出金盘，金盘宽不大于檩（桁）径的 3/10，不小于檩（桁）径的 1/4 | | |
| | | 4 | 圆形、扇形建筑的檐檩、金檩、脊檩等弧形构件，其弧度须符合样板 | | |
| | | 5 | 扶脊木两侧椽碗深度不小于椽径的 1/3，不大于椽径的 1/2 | | |
| | | 6 | 古建筑的枋子榫卯规格及构造做法须符合法式的要求或按原做法保持不变 | | |
| | | 7 | 中线、滚楞线等线条准确清晰，滚楞浑圆直顺，无明显疵病 | | |

| 一般项目 | | | 项 目 | 允许偏差（mm） | 实测值（mm） | | | | | | | | | | 合格率（%） |
|---|---|---|---|---|---|---|---|---|---|---|---|---|---|---|---|
| | | | | | 1 | 2 | 3 | 4 | 5 | 6 | 7 | 8 | 9 | 10 | |
| | | 1 | 直径 | 檩直径±1/50 | | | | | | | | | | | |
| | | 2 | 扶脊木椽碗中距 | 椽径±1/20 | | | | | | | | | | | |

| 施工单位检查评定结果 | 主控项目 | |
|---|---|---|
| | 一般项目 | |
| | 项目专业质量检查员：<br>项目专业质量（技术）负责人：<br><br>年　　月　　日 | |

| 监理（建设）单位验收结论 | 监理工程师或建设单位项目技术负责人：<br><br><br>年　　月　　日 |
|---|---|

# 第六节 板类构件制作

**一、主控项目**

板类构件指各种檐垫板、金垫板、脊垫板、博风板、山花板、滴珠板、额垫板、挂落板、木楼板、塌板等，如图5.6.1、图5.6.2所示。

检查数量：按批量检查，不少于一个检验批，抽查10%，但不少于3件。

检验方法：观察检查，辅以尺量实测。

1. 檐垫板、挂落板、塌板等板类构件拼攒粘接必须在背面穿带或嵌银锭榫，穿带（或银锭榫）间距不大于板身厚度的10倍或板身宽度的1.2倍，穿带深度为板身的1/3。

2. 立闸滴珠板、挂落板拼接，立缝做企口榫，水平穿带不得少于两道。

3. 立闸山花板或拼接、立缝须做企口缝龙凤榫，木楼板须做企口缝或龙凤榫。

4. 博风板延续对接，接头须做龙凤榫，下口做托舌，托舌高不得小于一椽径。

5. 圆形、扇形建筑的各类垫板、由额垫板等弧形构件，其弧度须符合样板。

6. 古建筑的板类榫卯规格及构造做法须符合法式的要求或按原做法保持不变。

检验方法：观察检查。

**二、一般项目**

各种板类构件制作，上下口平顺，表面光平，穿带牢固，无明显疵病。

检查数量：按批量检查，不少于一个检验批，抽查10%，但不少于3件。

检验方法：观察检查，实测检查。

1. 截面尺寸：高度，尺量实测检查。

2. 截面尺寸：宽度，尺量实测检查。

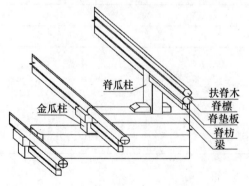

图5.6.1 板、柱、梁、檩、枋类构造

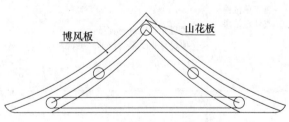

图5.6.2 山花板、博风板构造

### 三、板类木构件质量验收记录表

表 5-6-1

| 工程名称 | | 分项工程名称 | | 验收部位 | |
|---|---|---|---|---|---|
| 施工单位 | | | | 项目经理 | |
| 执行标准名称及编号 | | | | 专业工长 | |
| 分包单位 | | | | 施工班组长 | |

| 质量验收规范的规定、检验方法：观察检查、实测检查 | | | 施工单位检查评定记录 | 监理（建设）单位验收记录 |
|---|---|---|---|---|

| 主控项目 | 板类构件（各种檐板、金垫板、脊垫板、博风板、山花板、滴珠板、额垫板、挂落板、木楼板、塌板等） | 1 | 檐垫板、挂落板、塌板等板类构件拼攒粘接必须在背面穿带或嵌银锭榫，穿带（或银锭榫）间距不大于板身厚度的10倍或板身宽度的1.2倍，穿带深度为板身的1/3 | | |
|---|---|---|---|---|---|
| | | 2 | 立闸滴珠板、挂落板拼接，立缝做企口榫，水平穿带不得少于两道 | | |
| | | 3 | 立闸山花板或拼接、立缝须做企口缝龙凤榫，木楼板须做企口缝或龙凤榫 | | |
| | | 4 | 博风板延续对接，接头必须做龙凤榫，下口做托舌，托舌高不得小于一椽径 | | |
| | | 5 | 圆形、扇形建筑的各类垫板、由额垫板等弧形构件，其弧度须符合样板 | | |
| | | 6 | 古建筑的板类榫卯规格及构造做法须符合法式的要求或按原做法保持不变 | | |
| | | 7 | 各种板类构件制作，上下口平顺，表面光平，穿带牢固，无明显疵病 | | |

| 一般项目 | | 项　目 | | 允许偏差（mm） | 实测值（mm） | | | | | | | | | | 合格率（%） |
|---|---|---|---|---|---|---|---|---|---|---|---|---|---|---|---|
| | | | | | 1 | 2 | 3 | 4 | 5 | 6 | 7 | 8 | 9 | 10 | |
| | 1 | 截面尺寸 | 高度 | 截面高度±1/60 | | | | | | | | | | | |
| | 2 | 截面尺寸 | 宽度 | 截面宽度±1/30 | | | | | | | | | | | |

| 施工单位检查评定结果 | 主控项目 | |
|---|---|---|
| | 一般项目 | |
| | 项目专业质量检查员：<br>项目专业质量（技术）负责人：<br><br>　　　　　　　　　　　　　　　年　　月　　日 | |

| 监理（建设）单位验收结论 | |
|---|---|
| | 监理工程师或建设单位项目技术负责人：<br><br>　　　　　　　　　　　　　　　年　　月　　日 |

# 第七节　屋面木基层制作

屋面木基层制作部件包括檐椽、飞椽、花架椽、脑椽、罗锅椽、翼角椽、翘飞椽、连瓣椽以及大连檐、小连檐、椽碗、椽中板、望板等，屋面木基层构造如图 5.7.1、图 5.7.2 所示。

一、主控项目

1. 翼角椽、翘飞椽制作必须符合（第一根）翘飞椽头撇 1/2 椽径，（第一根）翘飞椽头撇 1/3 椽径的要求（地方做法可以不循此则）。

2. 翼角大连檐锯解、破缝必须用手据或薄片锯，不得使用电锯，要保证大连檐立面厚度。

3. 罗锅椽下脚与脊檩或脊枋条的接触面不得小于椽自身截面的 1/2。

4. 椽碗制作必须与椽径吻合，不得有大缝隙，不得做单椽碗。

检查数量：按批量检查，不少于一个检验批，抽查 10％，但不少于 3 件。

检验方法：观察检查并辅以尺量。

5. 古建筑的椽、飞椽、边椽、瓦口构造做法必须符合法式要求或按原做法保持不变。

检查数量：按批量检查，不少于一个检验批，抽查 10％，但不少于 3 件。

检验方法：观察检查。

6. 飞椽制作应符合以下规定：圆椽浑圆直顺，方椽方正、直顺，无明显疵病。

二、一般项目

检查数量：按批量检查，不少于一个检验批，抽查 10％，但不少于 10 根。

允许偏差：

1. 圆椽截面直径，尺量。

2. 方椽（或飞椽）截面高，尺量。

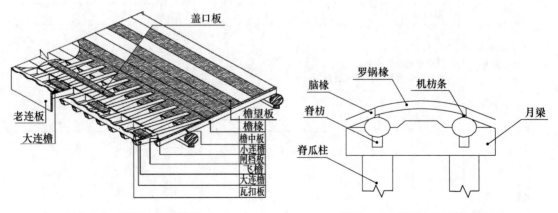

图 5.7.1　屋面木基层构造（一）　　　　图 5.7.2　屋面木基层构造（二）

### 三、屋面木基层制作质量验收记录表

**表 5-7-1**

| 工程名称 | | | 分项工程名称 | | 验收部位 | |
|---|---|---|---|---|---|---|
| 施工单位 | | | | | 项目经理 | |
| 执行标准名称及编号 | | | | | 专业工长 | |
| 分包单位 | | | | | 施工班组长 | |

| 质量验收规范的规定、检验方法：观察检查、实测检查 | | | | 施工单位检查评定记录 | 监理（建设）单位验收记录 |
|---|---|---|---|---|---|
| 主控项目 | 屋面木基层（檐椽、飞椽、花架椽、脑椽、罗锅椽、翼角椽、翘飞椽、连瓣椽，以及大连檐、小连檐、椽碗、椽中板、望板等） | 1 | 翼角椽、翘飞椽制作必须符合（第一根）翘飞椽头撇1/2椽径，（第一根）翘飞椽头撇1/3椽径的要求（地方做法可以不循此则） | | |
| | | 2 | 翼角大连檐锯解、破缝必须用手锯或薄片锯，不得使用电锯，要保证大连檐立面厚度 | | |
| | | 3 | 罗锅椽下脚与脊檩或脊枋条的接触面不得小于椽身截面的1/2 | | |
| | | 4 | 椽碗制作必须与椽径吻合，不得有大缝隙，不得做单椽碗 | | |
| | | 5 | 古建筑的椽、飞椽、边椽、瓦口构造，做法必须符合法式要求或按原做法保持不变 | | |
| | | 6 | 圆椽浑圆直顺、方椽方正、直顺、光洁，无明显疵病 | | |

| 一般项目 | 项　目 | 允许偏差（mm） | 实测值（mm） | | | | | | | | | | 合格率（%） |
|---|---|---|---|---|---|---|---|---|---|---|---|---|---|
| | | | 1 | 2 | 3 | 4 | 5 | 6 | 7 | 8 | 9 | 10 | |
| | 圆椽截面直径 | 椽径±1/30 | | | | | | | | | | | |
| | 方椽（或飞椽）截面高 | 截面高（或宽）±1/30 | | | | | | | | | | | |

| 施工单位检查评定结果 | 主控项目 | |
|---|---|---|
| | 一般项目 | |
| | 项目专业质量检查员：<br>项目专业质量（技术）负责人：<br><br>　　　　　　　　　年　月　日 | |

| 监理（建设）单位验收结论 | 监理工程师或建设单位项目技术负责人：<br><br>　　　　　　　　　年　月　日 |
|---|---|

# 第八节 斗拱制作

斗拱各部件名称如图 5.8.1～图 5.8.3 所示。

一、主控项目

1. 各类斗拱制作之前须按设计尺寸放实样、套样板，每件样板尺寸及外形准确，各层构件叠放在一起，总尺寸必须符合设计要求；斗拱构造、昂翘头尾装饰及拱头卷杀，须符合设计要求或不同时期的法式要求和造型特点。

检查数量：按批量检查，不少于一个检验批，抽查 10％，但不少于 3 件。

检验方法：与设计图纸或原实物对照，用钢尺校核样板尺寸。

2. 斗拱纵横构件刻半相交，要求昂、翘、耍头等构件必须在腹面刻口；横拱在背面刻口；角科斗拱等三层构件相交时，斜出构件必须在腹面刻口。

3. 斗拱纵横构件刻半相交，节点处须作包掩，包掩深为 0.1 斗口。

4. 斗拱昂、翘、耍头等水平构件相叠，每层用于固定作用的暗销不少于 2 个，坐斗、三才升、十八斗等暗销每件 1 个。

5. 斗拱单件制作完成后，在正式安装之前须以攒为单位进行草验、试装，分组码放，不得混淆。

6. 古建筑斗拱制作、榫卯规格及构造做法必须符合法式的要求或按原做法保持不变。

检查数量：按批量检查，不少于一个检验批，抽查 10％，但不少于 3 件。

检验方法：观察检查。

二、斗拱单件制作应符合以下规定：

合格：下料准确，表面光平、直顺，刻口、包掩、凿眼、起峰、卷杀符合图纸样板或法式要求，头饰、尾饰外形符合样板，榫卯松紧适度，无明显疵病。

检查数量：按批量检查，不少于一个检验批，各类斗拱分别抽查 10％，但不少于 1 攒。

检验方法：观察检查，用样板套、拆装构件检查榫卯。

三、一般项目

1. 升单件尺寸：实测检查。

2. 斗单件尺寸：实测检查。

3. 拱单件尺寸：实测检查。

4. 昂单件尺寸：实测检查。

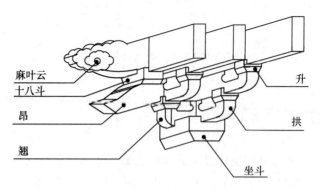

图 5.8.1　斗拱各部件名称（一）

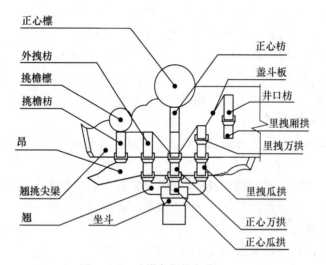

图 5.8.2　斗拱各部件名称（二）

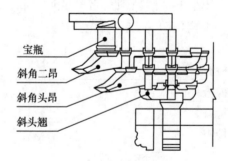

图 5.8.3　斗拱各部件名称（三）

## 四、斗拱类木构件质量验收记录表

**表 5-8-1**

| 工程名称 | | | 分项工程名称 | | 验收部位 | |
|---|---|---|---|---|---|---|
| 施工单位 | | | | | 项目经理 | |
| 执行标准名称及编号 | | | | | 专业工长 | |
| 分包单位 | | | | | 施工班组长 | |

| 质量验收规范的规定、检验方法：观察检查、实测检查 | | | 施工单位检查评定记录 | 监理（建设）单位验收记录 |
|---|---|---|---|---|
| 主控项目 | 斗拱类木构件 | 1 | 各类斗拱制作之前须按设计尺寸放实样，套样板，每件样板尺寸外形准确，各层构件叠放在一起，总尺寸须符合设计要求；斗拱构造昂翘头尾装饰及拱头卷杀，须符合设计要求或不同时期的法式要求和造型特点 | | |
| | | 2 | 斗拱纵横构件刻半相交，要求昂、翘、耍头等构件必须在腹面刻口；横拱在背面刻口；角科斗拱等三层构件相交时，斜出构件必须在腹面刻口 | | |
| | | 3 | 斗拱纵横构件刻半相交，节点处须作包掩，包掩深为 0.1 斗口 | | |
| | | 4 | 斗拱昂、翘、耍头等水平构件相叠，每层用于固定作用的暗销不少于 2 个，坐斗、三才升、十八斗等暗销每件 1 个 | | |
| | | 5 | 斗拱单件制作完成后，在正式安装之前须以攒为单位进行草验、试装，分组码放，不得混淆 | | |
| | | 6 | 古建筑斗拱制作榫卯规格及构造做法须符合法式的要求或按原做法保持不变 | | |
| | | 7 | 下料准确，表面光平、直顺，刻口、包掩、凿眼、起峰、卷杀符合样板或法式要求，头饰、尾饰外形符合样板，榫卯严实无松动，各项检查符合要求，无明显疵病 | | |

| 一般项目 | 项　目 | 允许偏差（mm） | 实测值（mm） | | | | | | | | | | 合格率（%） |
|---|---|---|---|---|---|---|---|---|---|---|---|---|---|
| | | | 1 | 2 | 3 | 4 | 5 | 6 | 7 | 8 | 9 | 10 | |
| | 升单件尺寸 | ±2 | | | | | | | | | | | |
| | 斗单件尺寸 | ±2 | | | | | | | | | | | |
| | 拱单件尺寸 | ±2 | | | | | | | | | | | |
| | 昂单件尺寸 | ±2 | | | | | | | | | | | |

| 施工单位检查评定结果 | 主控项目 | |
|---|---|---|
| | 一般项目 | |
| | 项目专业质量检查员：<br>项目专业质量（技术）负责人：<br>　　　　　　　　　　　　　年　　月　　日 | |

| 监理（建设）单位验收结论 | 监理工程师或建设单位项目技术负责人：<br>　　　　　　　　　　　　　年　　月　　日 |
|---|---|

# 第九节　大木雕刻制作

大木雕刻指雀替、博风头、云墩、荷叶角背、隔架雀替、驼峰、枋子箍头榫、角梁头、山花板表面花饰以及斗拱头饰、尾饰等大木构件的雕刻（图5.9.1）。

一、主控项目

1. 大木雕刻须放实样、套样板或放纸样、拓样，按花纹实样进行雕刻。

检查数量：按批量检查，不少于一个检验批，抽查10％，但不少于3件。

检验方法：观察检查。

2. 古建筑的大木雕刻，其花纹纹样须遵循"不改变原状"的原则，符合不同历史时代的不同特点或法式要求，仿古建筑的大木雕刻须符合设计要求。

二、一般项目

大木构件雕刻应符合以下规定：

合格：花纹美观，线条流畅，表面光洁，花纹均匀，落地平整干净，深浅一致，表面略有疵病，但不影响观感。

检查数量：按批量检查，不少于一个检验批，抽查10％，但不少于1件。

检验方法：观察检查，相同对称检查。

图 5.9.1　大木雕刻

二龙戏珠、凤穿牡丹、和鹤二仙、凤摆荷叶、多子多福、菊头垂柱、龙头枫拱、松鼠、行龙浮云

### 三、大木雕类木构件质量验收记录表

**表 5-9-1**

| 工程名称 | | | 分项工程名称 | | 验收部位 | |
|---|---|---|---|---|---|---|
| 施工单位 | | | | | 项目经理 | |
| 执行标准名称及编号 | | | | | 专业工长 | |
| 分包单位 | | | | | 施工班组长 | |

| 质量验收规范的规定、检验方法：观察检查、实测检查 | | | | 施工单位检查评定记录 | 监理（建设）单位验收记录 |
|---|---|---|---|---|---|

| 主控项目 | 大木雕刻 | 1 | 大木雕刻必须放实样、套样板或放纸样、拓样，按花纹实样进行雕刻 | | |
|---|---|---|---|---|---|
| | | 2 | 古建筑的大木雕刻，其花纹纹样须遵循"不改变原状"的原则，符合不同历史时代的不同特点或法式要求，仿古建筑的大木雕刻须符合设计要求 | | |
| | | 3 | 花纹美观，线条流畅，表面光洁，花纹均匀，落地平整干净，深浅一致，无疵病 | | |

| 一般项目 | 项目 | | 允许偏差（mm） | 实测值（mm） | | | | | | | | | | 合格率（%） |
|---|---|---|---|---|---|---|---|---|---|---|---|---|---|---|
| | | | | 1 | 2 | 3 | 4 | 5 | 6 | 7 | 8 | 9 | 10 | |
| | 截面尺寸 | 高度 | ±1/60 截面高度 | | | | | | | | | | | |
| | | 宽度 | ±1/30 截面宽度 | | | | | | | | | | | |

| 施工单位检查评定结果 | 主控项目 | |
|---|---|---|
| | 一般项目 | |
| | 项目专业质量检查员：<br>项目专业质量（技术）负责人：<br><br>年 月 日 | |

| 监理（建设）单位验收结论 | <br><br><br>监理工程师或建设单位项目技术负责人：<br><br>年 月 日 |
|---|---|

# 第十节　下架（柱头以下）木构架安装工程

下架木构架指柱头以下木构架，是由各种柱、枋、随梁等构件组成的框架。其透视组合如图 5.10.1～图 5.10.4 所示。

一、主控项目

1. 下架木构架安装前，柱、枋等木构件必须符合质量要求，运输搬运过程中无损坏变形。

检验方法：观察检查、检查验收记录。

2. 围柱子侧脚须符合设计或法式要求，严禁有倒升。

检查数量：按批量检查，不少于一个检验批，抽查 10%，但不少于 3 件。

检验方法：吊线实测，尺量检查。

3. 下架构件安装以后，柱头间各轴线尺寸须符合设计要求。

检查数量：按批量检查，不少于一个检验批，抽查 10%，但不少于 3 件。

检验方法：用丈杆实测，尺量检查。

4. 下架构件吊直拨正、验核尺寸以后，须支戗牢固，保证施工过程中不歪闪走动。

检验方法：观察检查，查验戗杆牢固程度。

检查数量：按批量检查，不少于一个检验批，抽查 10%，但不少于 3 件。表第 1、2 项各检查 10%，但至少检查一座建筑，其余各项检查 10%，但不少于 3 处。

5. 下架构件制作榫卯规格及构造做法须符合法式的要求或按原做法保持不变。

二、一般项目

检验方法：

1. 面宽方向柱中线偏移。用钢尺或丈杆。

2. 进深方向柱中线偏移。用钢尺或丈杆。

3. 枋、柱结合严密程度。尺量坊子肩膀与外缘的缝隙。

4. 枋子上皮平直度。通面宽拉线尺量。

5. 各枋子侧面进出错位，通面宽拉线尺量。

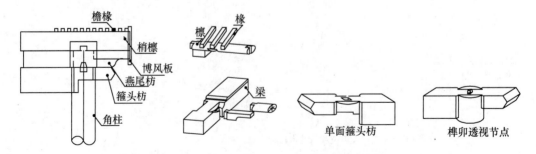

图 5.10.1　梁、柱、枋、榫卯、透视结构组合

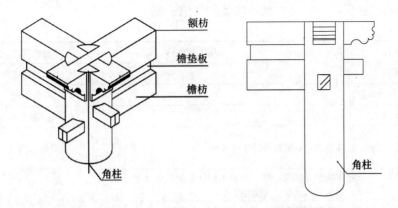

额枋

檐垫板

檐枋

角柱

角柱

图 5.10.2 柱、榫卯、枋箍头榫、透视结构组合

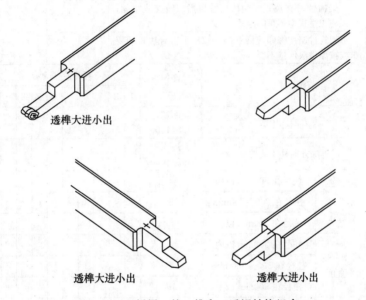

透榫大进小出

透榫大进小出

透榫大进小出

图 5.10.3 插梁、枋、榫卯、透视结构组合

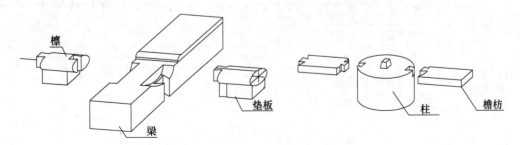

檩

垫板

梁

柱

檐枋

图 5.10.4 柱、梁、枋、垫板、桁檩榫卯、透视结构组合

### 三、下架（柱头以下）类木构件质量验收记录表

表 5-10-1

| 工程名称 | | | 分项工程名称 | | 验收部位 | |
|---|---|---|---|---|---|---|
| 施工单位 | | | | | 项目经理 | |
| 执行标准名称及编号 | | | | | 专业工长 | |
| 分包单位 | | | | | 施工班组长 | |

| 质量验收规范的规定、检验方法：观察检查、实测检查 | | | | 施工单位检查评定记录 | 监理（建设）单位验收记录 |
|---|---|---|---|---|---|
| 主控项目 | 1 | 下架木构架安装前，柱、枋等木构件必须符合质量要求，运输搬运过程中无损坏变形 | | | |
| | 2 | 围柱子侧脚须符合设计或法式要求，严禁有倒升 | | | |
| | 3 | 下架构件安装以后，柱头间各轴线尺寸须符合设计要求 | | | |
| | 4 | 下架构件吊直拨正、验核尺寸以后，须支戗牢固，保证施工过程中不歪闪走动 | | | |
| | 5 | 下架构件制作榫卯规格及构造做法须符合法式的要求或按原做法保持不变 | | | |

| | | | 项 目 | | 允许偏差（mm） | 实测值（mm） | | | | | | | | | | | 合格率（%） |
|---|---|---|---|---|---|---|---|---|---|---|---|---|---|---|---|---|---|
| | | | | | | 1 | 2 | 3 | 4 | 5 | 6 | 7 | 8 | 9 | 10 | | |
| 一般项目 | 下架木构架（柱头以下） | 1 | 面宽方向柱中线偏移 | | 面宽 1.5/1000 | | | | | | | | | | | | |
| | | 2 | 进深方向柱中线偏移 | | 进深 1.5/1000 | | | | | | | | | | | | |
| | | 3 | 枋、柱结合严密程度 | 柱径在 300mm 以内 | 4 | | | | | | | | | | | | |
| | | | | 柱径在 300～500mm | 6 | | | | | | | | | | | | |
| | | | | 柱径在 500mm 以上 | 8 | | | | | | | | | | | | |
| | | 4 | 枋子上皮平直度 | 柱径在 300mm 以内 | 4 | | | | | | | | | | | | |
| | | | | 柱径在 300～500 mm | 7 | | | | | | | | | | | | |
| | | | | 柱径在 500mm 以上 | 10 | | | | | | | | | | | | |
| | | 5 | 各枋子侧面进出错位 | 柱径在 300mm 以内 | 5 | | | | | | | | | | | | |
| | | | | 柱径在 300～500 mm | 7 | | | | | | | | | | | | |
| | | | | 柱径在 500mm 以上 | 10 | | | | | | | | | | | | |

| 施工单位检查评定结果 | 主控项目 | |
|---|---|---|
| | 一般项目 | |
| | 项目专业质量检查员：<br>项目专业质量（技术）负责人：<br><br>年　　月　　日 | |
| 监理（建设）单位验收结论 | 监理工程师或建设单位项目技术负责人：<br><br>年　　月　　日 | |

# 第十一节　斗拱安装工程

一、主控项目

1. 斗拱安装之前，分件必须符合质量要求并经草验试装，运输、储存、搬动过程中无损坏变形。

检验方法：观察检查，检查验收记录。

2. 斗拱安装须按草验时的构件组合顺序进行，不得任意打乱次序。

检查数量：按批量检查，不少于一个检验批，抽查10％，但不少于攒件。

检验方法：观察检查。

3. 斗拱安装要求构件安全，不得有残件、缺件。

检验方法：观察检查，按批量检查。

4. 斗拱节点、栽销、升斗安装应符合以下规定：

合格：节点松紧适度，无明显亏空；栽销齐全、牢固，斜斗板、盖斗板、垫拱板遮盖牢固、严实，无明显缝隙或松动。

检查数量：按批量检查，不少于一个检验批，抽查10％，但不少于5处。

检验方法：观察，推动。

二、一般项目

斗拱安装允许偏差和检验方法：

检查数量：抽查10％不少于2间或5处，按批量检查，抽查10％，但不少于5处。

1. 昂、翘、耍头平直度：以间为单位，在昂翘、耍头上皮部位拉通线，尺量。

2. 昂、翘、耍头进出错位：以间为单位，在昂翘、耍头上皮部位拉通线，尺量。

3. 横拱与枋子竖直对齐，在横拱与拽枋（或井口枋、挑檐枋）侧面贴尺，尺量。

4. 拱与枋子竖直对齐，在某攒斗拱中线处吊线或在翘、昂、耍头等伸出构件侧面贴尺板，尺量。

5. 升、斗与上下构件叠合缝隙，用楔形塞尺检查。

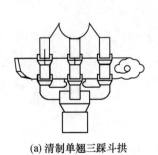

(a) 清制单翘三踩斗拱

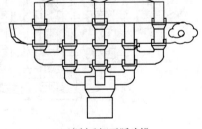

(b) 清制重翘五踩斗拱

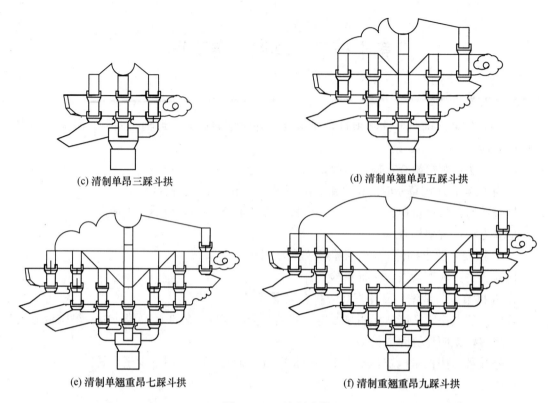

(c) 清制单昂三踩斗拱

(d) 清制单翘单昂五踩斗拱

(e) 清制单翘重昂七踩斗拱

(f) 清制重翘重昂九踩斗拱

图 5.11.1　清制斗拱

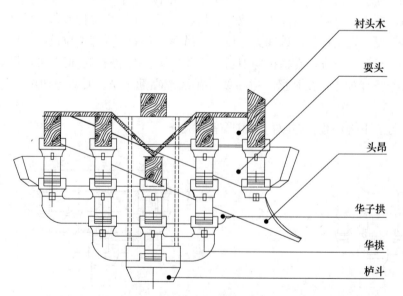

(a) 宋制补间铺作，五铺作重拱出单杪单下昂并计心，里转五铺作重拱出两杪，并计心

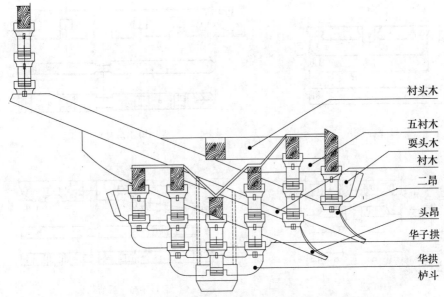

衬头木

五衬木

耍头木

衬木

二昂

头昂

华子拱

华拱

栌斗

(b) 宋制补间铺作，六铺作重拱出单杪双下昂，里转五铺作重拱出两杪，并计心

图 5.11、2　宋制斗拱

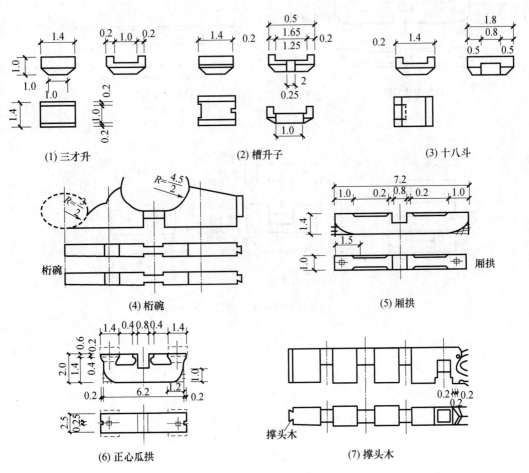

(1) 三才升　　　　　　(2) 槽升子　　　　　　(3) 十八斗

(4) 桁碗　　　　　　　　　　　(5) 厢拱

(6) 正心瓜拱　　　　　　　　(7) 撑头木

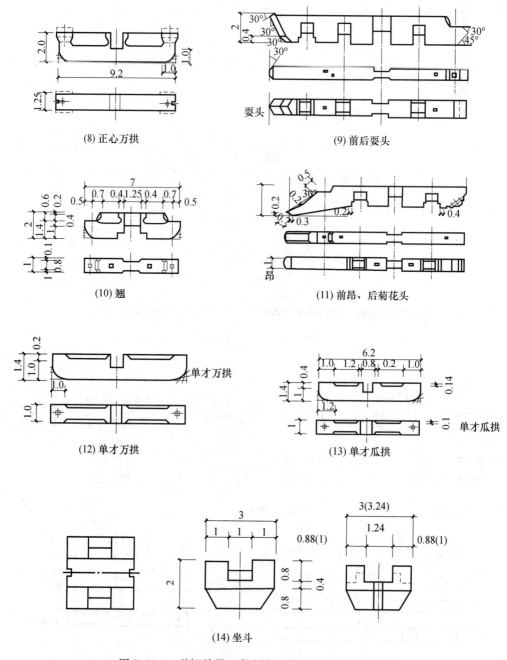

(8) 正心万拱

(9) 前后耍头

(10) 翘

(11) 前昂、后菊花头

(12) 单才万拱

(13) 单才瓜拱

(14) 坐斗

图 5.11.3　单翘单昂五彩斗拱平身科，各分件操作图

## 三、斗拱安装类木构件质量验收记录表

表 5-11-1

| 工程名称 | | 分项工程名称 | | 验收部位 | |
|---|---|---|---|---|---|
| 施工单位 | | | | 项目经理 | |
| 执行标准名称及编号 | | | | 专业工长 | |
| 分包单位 | | | | 施工班组长 | |

| 质量验收规范的规定、检验方法：观察检查、实测检查 | | | | | | | | | | | | | | 施工单位检查评定记录 | 监理（建设）单位验收记录 |
|---|---|---|---|---|---|---|---|---|---|---|---|---|---|---|---|---|

| 主控项目 | | 1 | 斗拱安装之前，分件必须符合质量要求并经草验试装，运输、储存、搬动过程中无损坏变形 | | | | | | | | | | | | | |
|---|---|---|---|---|---|---|---|---|---|---|---|---|---|---|---|---|---|
| | | 2 | 斗拱安装须按草验时的构件组合顺序进行，不得任意打乱次序 | | | | | | | | | | | | | |
| | | 3 | 斗拱安装要求构件安全，不得有残件、缺件 | | | | | | | | | | | | | |
| | | 4 | 斗拱节点栽销、升斗安装应符合以下规定：斗拱节点松紧适度，严实无缝隙；栽销齐全、牢固，斜斗板车、盖斗板、垫拱板遮盖严实，安装牢固，无明显疵病 | | | | | | | | | | | | | |

| 一般项目 | 斗拱安装 | | 项 目 | | 允许偏差(mm) | 实测值（mm） | | | | | | | | | | 合格率（%） |
|---|---|---|---|---|---|---|---|---|---|---|---|---|---|---|---|---|
| | | | | | | 1 | 2 | 3 | 4 | 5 | 6 | 7 | 8 | 9 | 10 | |
| | | 1 | 昂、翘、耍头平直度 | 斗口 | 70mm以下 4 | | | | | | | | | | | |
| | | | | | 70mm以上 7 | | | | | | | | | | | |
| | | 2 | 昂、翘、耍头进出错位 | 斗口 | 70mm以下 5 | | | | | | | | | | | |
| | | | | | 70mm以上 8 | | | | | | | | | | | |
| | | 3 | 横拱与枋子竖直对齐 | 斗口 | 70mm以下 3 | | | | | | | | | | | |
| | | | | | 70mm以上 5 | | | | | | | | | | | |
| | | 4 | 拱与枋子竖直对齐 | 斗口 | 70mm以下 3 | | | | | | | | | | | |
| | | | | | 70mm以上 5 | | | | | | | | | | | |
| | | 5 | 升、斗与上下构件叠合缝隙 | 斗口 | 70mm以下 1 | | | | | | | | | | | |
| | | | | | 70mm以上 2 | | | | | | | | | | | |

| 主控项目 | |
|---|---|
| 一般项目 | |

施工单位检查评定结果

项目专业质量检查员：
项目专业质量（技术）负责人：

年 月 日

监理（建设）单位验收结论

监理工程师或建设单位项目技术负责人：

年 月 日

# 第十二节　上架大木（柱头以上）木构架安装工程

一、主控项目

上架大木指柱头以上木构架，由梁、板檩（桁）枋等构件组成。

1. 安装之前，梁、檩、枋、垫板等上架构件须符合质量要求，储存、运输搬动过程中无损坏变形。

检查方法：观察检查、检查验收记录。

检查数量：按批量检查，不少于一个检验批，抽查10%，但不少于3件。

2. 必须在下架大木构件安装完毕，轴线（面宽、进深）尺寸校验合格，吊直拨正戗杆，直戗齐全、牢固后方可进行上架大木构件的安装。

3. 上架大木构架安装、验核尺寸后，须支戗牢固，保证施工过程中不歪闪走动。

4. 上架构件制作榫卯规格及构造做法须符合法式的要求或按原做法保持不变。

检查数量：按批量检查，不少于一个检验批，抽查10%但不少于2间或5处。

二、一般项目

检查方法：

1. 梁柱中线对准程度：尺量梁底中线与柱子内侧中线位置偏差。

2. 瓜柱中线与梁背中线对准程度：尺量中线位置偏差。

3. 梁架侧面中线对准：吊线、目测整榀梁架上个构件正面中线相对是否错位，用尺量。

4. 梁架正面中线对准：吊线、目测整榀梁架上个构件正面中线相对是否错位，用尺量。

5. 面宽方向轴线尺寸：用钢尺或丈杆量。

6. 檩、垫板、枋相叠缝隙：用楔形塞尺检查。

7. 檩（桁）平直度：在一座建筑的一面或五间廊子拉通线，尺量。

8. 檩（桁）与檩碗吻合缝隙：尺量。

9. 用中线与檩中线对准：尺量检查角梁老中线，中线与檩的上下面中线对准程度。

10. 角梁与檩碗搭扣缝隙：尺量。

11. 山花板、博风板板缝拼接缝隙：尺量和楔形塞尺检查。

12. 山花板、博风板板缝拼接相邻高低差：尺量和楔形塞尺检查。

13. 山花板、拼接雕刻花纹错位：尺量。

14. 圆弧形檩、垫板枋侧面外倾：拉线，尺量构件中部与端头的差距。

## 三、上架（柱头以上）类木构架安装质量验收记录表

表 5-12-1

| 工程名称 | | | 分项工程名称 | | 验收部位 | |
|---|---|---|---|---|---|---|
| 施工单位 | | | | | 项目经理 | |
| 执行标准名称及编号 | | | | | 专业工长 | |
| 分包单位 | | | | | 施工班组长 | |

| 质量验收规范的规定、检验方法：观察检查、实测检查 | | | | 施工单位检查评定记录 | 监理（建设）单位验收记录 |
|---|---|---|---|---|---|
| 主控项目 | | 1 | 梁、檩、枋、垫板等上架构件须符合质量要求，储存、运输搬动过程中无损坏变形 | | |
| | | 2 | 在下架大木构件安装完毕，轴线（面宽、进深）尺寸校验合格，吊直拨正戗杆，直戗齐全、牢固后方可进行上架大木构件的安装 | | |

| 一般项目 | 上架大木(柱头以上木构架) | | 项 目 | 允许偏差（mm） | 实测值（mm） | | | | | | | | | | 合格率（％） |
|---|---|---|---|---|---|---|---|---|---|---|---|---|---|---|---|
| | | | | | 1 | 2 | 3 | 4 | 5 | 6 | 7 | 8 | 9 | 10 | |
| | | 1 | 梁柱中线对准程度 | 3 | | | | | | | | | | | |
| | | 2 | 瓜柱中线与梁背中线对准程度 | 3 | | | | | | | | | | | |
| | | 3 | 梁架侧面中线对准 | 4 | | | | | | | | | | | |
| | | 4 | 梁架正面中线对准 | 4 | | | | | | | | | | | |
| | | 5 | 面宽方向轴线尺寸 | 面宽的0.15％ | | | | | | | | | | | |
| | | 6 | 檩、垫板、枋相叠缝隙 | 5 | | | | | | | | | | | |
| | | 7 | 檩（桁）平直度 | 8 | | | | | | | | | | | |
| | | 8 | 檩（桁）与檩碗吻合缝隙 | 5 | | | | | | | | | | | |
| | | 9 | 用中线与檩中线对准 | 4 | | | | | | | | | | | |
| | | 10 | 角梁与檩碗搭扣缝隙 | 5 | | | | | | | | | | | |
| | | 11 | 山花板、博风板板缝拼接缝隙 | 2.5 | | | | | | | | | | | |
| | | 12 | 山花板、博风板板缝拼接相邻高低差 | 2.5 | | | | | | | | | | | |
| | | 13 | 山花板、拼接雕刻花纹错位 | 2.5 | | | | | | | | | | | |
| | | 14 | 圆弧形檩、垫板枋侧面外倾 | 5 | | | | | | | | | | | |

| 施工单位检查评定结果 | 主控项目 | |
|---|---|---|
| | 一般项目 | |
| | 项目专业质量检查员：<br>项目专业质量（技术）负责人：<br><br>年　月　日 | |

| 监理（建设）单位验收结论 | 监理工程师或建设单位项目技术负责人：<br><br>年　月　日 |
|---|---|

# 第十三节　屋面木基层安装工程

屋面木基层安装工程部件包括檐椽、飞椽、花架椽、脑椽、翼角椽、翘飞椽、连瓣椽以及大连檐、小连檐、椽碗、椽中板、里口板、望板等。

一、主控项目

1. 安装之前，檐椽、飞椽、翼角椽、翘飞椽、望板、大连檐、小连檐等部件必须符合质量要求，在搬动、运输储存过程中无损坏变形。

检查方法：观察检查，检查验收记录。

2. 各种椽子、飞椽须钉牢固，闸挡板齐全牢固。

3. 椽头雀台不大于 1/4 椽径，不小于 1/5 椽径。

4. 椽子按乱搭头做法时，上下两段椽的头尾交错搭接长度不得小于椽径的 3 倍。

5. 大连檐、小连檐、里口板延长续接时，接缝处不得有齐头直墩。

6. 横望板错缝窜挡不大于 800mm，望板对接，其顶头缝不小于 5mm。

检查数量：按批量检查，不少于一个检验批，抽查 10%，但不少于一个开间件。

检查方法：尺量。

7. 翼角椽、翘飞椽安装应符合以下规定：

翼角椽、翘飞椽上下皮均无鸡窝囊，椽挡均匀（中距尺寸一致）。翘飞头、翘飞母与大、小连檐严实无缝隙，椽侧面与地面垂直或与连檐垂直。翘飞椽与翼角椽上下相对不偏斜，与角梁、衬头木钉牢固。

检查数量：按批量检查，不少于一个检验批、抽查 10% 但不少于一个翼角。

二、一般项目

检查数量：按批量检查，不少于一个检验批，抽查 10%，但不少于 4 处。

椽子、望板、连檐等部件安装允许偏差和检查方法：

1. 檐椽、飞椽、椽头平齐——以间为单位于椽头端部拉通线，尺量。

2. 椽挡均匀——尺量。

3. 正身大连檐平直——以间为单位拉通线，尺量。

4. 正身小连檐平直——以间为单位拉通线，尺量。

5. 露明处望板底面平——用短平尺和楔形塞尺检查。

6. 望板横缝——用楔形塞尺检查。

### 三、屋面木基类木构架安装质量验收记录表

表 5-13-1

| 工程名称 | | | 分项工程名称 | | 验收部位 | |
|---|---|---|---|---|---|---|
| 施工单位 | | | | | 项目经理 | |
| 执行标准名称及编号 | | | | | 专业工长 | |
| 分包单位 | | | | | 施工班组长 | |

| | | 质量验收规范的规定、检验方法：观察检查、实测检查 | | | 施工单位检查评定记录 | 监理（建设）单位验收记录 |
|---|---|---|---|---|---|---|
| 主控项目 | 檐椽、飞椽、花架椽、脑椽、翼角椽、翘飞椽、连瓣椽、大连檐、小连檐椽碗、椽中板、里口板、望板等构件安装 | 1 | 檐椽、飞椽、翼角椽、翘飞椽、望板、大连檐、小连檐等部件必须符合质量要求，在搬动、运输储存过程中无损坏变形 | | | |
| | | 2 | 各种椽子、飞椽必须钉牢固，闸挡板齐全牢固 | | | |
| | | 3 | 椽头雀台不大于 1/4 椽径，不小于 1/5 椽径 | | | |
| | | 4 | 椽子按乱搭头做法时，上下两段椽的头尾交错搭接长度不得小于椽径的 3 倍 | | | |
| | | 5 | 大连檐、小连檐、里口板延长续接时，接缝处不得有齐头直墩 | | | |
| | | 6 | 横望板错缝窜挡不大于 800mm，望板对接，其顶头缝不小于 5mm | | | |
| | | 7 | 翼角椽、翘飞椽安装应符合以下规定：翼角椽、翘飞椽上下皮均无鸡窝窝囊，椽挡均匀（中距尺寸一致）。翘飞头、翘飞母、与大、小连檐严实无缝隙，椽侧面与地面垂直或与连檐垂直，翘飞椽与翼角椽上下相对不偏斜。与角梁、衬头木钉牢固 | | | |

| | | 项 目 | 允许偏差（mm） | 实测值（mm） | | | | | | | | | | 合格率（%） |
|---|---|---|---|---|---|---|---|---|---|---|---|---|---|---|
| | | | | 1 | 2 | 3 | 4 | 5 | 6 | 7 | 8 | 9 | 10 | |
| 一般项目 | | 1 | 檐椽、飞椽、椽头平齐 | 5 | | | | | | | | | | | |
| | | 2 | 椽挡均匀 | ±1/20 椽径 | | | | | | | | | | | |
| | | 3 | 正身大连檐平直 | ±3 | | | | | | | | | | | |
| | | 4 | 正身小连檐平直 | +3 | | | | | | | | | | | |
| | | 5 | 露明处望板底面平 | +3 | | | | | | | | | | | |
| | | 6 | 望板横缝 | 3 | | | | | | | | | | | |

| 施工单位检查评定结果 | 主控项目 | |
|---|---|---|
| | 一般项目 | |
| | 项目专业质量检查员：<br>项目专业质量（技术）负责人：<br><br>年　　月　　日 | |

| 监理（建设）单位验收结论 | 监理工程师或建设单位项目技术负责人：<br><br><br>年　　月　　日 |
|---|---|

# 第六章　木构架修缮工程

## 第一节　一般规定

一、木构架修缮包括大木构架、屋面基层和斗拱部分的构件更换、修补、加固、归安、拆安和打牮、拨正，单体或群体建筑的移建工程，不包括重建、复原工程。

二、各类木构件及斗拱修缮换件所用木材的材质应符合表 5-1-1～表 5-1-8 的规定

三、木构件的防腐蚀、防白蚁、防虫蛀必须符合有关规范。

四、文物建筑的修缮应严格遵守"不改变原状"的原则，在配换构件时，必须对原构件的法式特征、材料质地、风格手法认真进行调查研究，按原样进行配换。

## 第二节　大木构架修缮

一、大木构架修缮指柱类、梁类、檩（桁）枋类、板类等大木构架及其组成的构架修缮。

二、柱子墩接必须用榫接，水平缝要严实，拼缝部分的榫卯做法和铁件加固必须符合修缮设计要求。

检验方法：观察检查。

三、各类大木构件修缮加固必须符合修缮设计要求。

检查数量：抽查 20%。

检查方法：对照修缮设计的要求检查。

四、柱子墩接包镶应符合以下规定：

接槎直顺，尺寸与原构件一致，垂直缝较严，无明显疵病。

检查数量：抽查 20%。

检验方法：观察检查。

五、柱类、梁类枋类、檩（桁）类、板类等构件配换应符合以下规定：

构件的长短、径寸、宽窄、薄厚、卯榫构造做法与原件一致且无明显疵病。

检验方法：观察检查。

六、文物古建筑大木雕刻的添配应符合以下规定：

花纹形状、风格不改变原状，与旧活接槎较顺畅自然、严实，无明显疵病。

检查数量：抽查 20%。

检验方法：观察检查。

# 第三节　屋面木基层修缮

一、屋面木基层修缮指椽子、飞椽、连檐、椽碗、椽中板、翼角椽、翘飞椽望板等的修缮。

二、屋面木基层的修缮必须符合修缮设计要求，各部构件的构造做法必须遵循不改变原状的原则。

检查数量：抽查 20%。

检验方法：观察检查，与设计或原做法对照检查。

三、屋面木基层修缮应符合以下规定：

椽头出入高低平齐，椽档大小均匀，翼角无鸡窝囊。望板下口缝子无明显不严。

# 第四节　斗拱修缮

一、斗拱修缮必须符合设计要求，文物古建筑配换斗拱构件时，构造做法、拱翘卷杀等必须符合不改变原状的原则，斗拱修缮不应缺件、丢件。

检查数量：抽查 20%。

检验方法：观察检查。

二、斗拱构件的配换或整攒斗拱的配换应符合以下规定：

所配斗拱尺寸、式样、做法应与原件一致。安装后，新旧构件平齐、高低一致，榫卯松紧适度，栽销齐全，无明显疵病。

检查数量：抽查 20%。

检验方法：观察检查。

以上修缮工程按批量检查，参考相应表格使用。

# 第七章　砖料加工

## 第一节　干摆、丝缝墙及细墁地面的砖料加工

一、主控项目

1. 砖的规格、质量、品种必须符合设计要求。

检验方法：观察检查，检查出厂合格证或试验报告。

2. 砖的看面必须磨平磨光，不得有"花羊皮"和斧花。

检验方法：观察检查。

3. 砖肋不得有"棒锤肋"，不得有倒包灰。

检验方法：观察检查。

4. 砖包灰必须留有适当的转头肋，不得砍成"刀口料"。膀子面做法的应能晃尺。

检验方法：观察检查与方尺检查。

5. 砖料表面应符合以下规定：

表面完整，无明显缺棱掉角。

检验方法：观察检查。

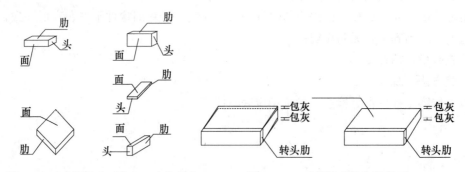

图 7.1.1　砖料的各面在加工中的名称　　图 7.1.2　砖料转头肋与膀子面

二、一般项目

检查数量：批量检查，不少于一个检验批，抽查总数的 10%，转头砖不应少于 5 块，直趟砖不应少于 10 块。上小摆检查不少于 2 摆，城砖每摆 5 块，小砖每摆 10 块。

干摆、丝缝墙及细墁地面的砖料的允许偏差和检验方法应符合以下规定：

1. 砖面平整度——在平面上用平尺进行任意方向搭尺检查和尺量检查。

2. 砖的看面（长、宽度）——尺量检查，与"官砖"（样板砖）相比。

3. 砖的摆加厚度——上小摆，与"官砖"（样板砖）的累加厚度相比，用尺量。

4. 砖棱平直——两砖块相摞，楔形塞尺检查。

5. 截头方正、墙身砖——方尺贴一面，尺量另一面缝隙。

地面砖——方尺贴一面，尺量另一面缝隙。

6. 包灰、城砖——尺量桁包灰尺检查。

小砖——尺量桁包灰尺检查。

7. 转头砖、八字砖角度——方尺或八字尺搭靠用尺。

三、干摆、丝缝墙及细墁地面的砖料加工验收记录表

表 7-1-1

| 工程名称 | | | 分项工程名称 | | | 验收部位 | |
|---|---|---|---|---|---|---|---|
| 施工单位 | | | | | | 项目经理 | |
| 执行标准名称及编号 | | | | | | 专业工长 | |
| 分包单位 | | | | | | 施工班组长 | |

| | | 质量验收规范的规定、检验方法：观察检查、实测检查 | | | 施工单位检查评定记录 | | | | 监理（建设）单位验收记录 | | | |
|---|---|---|---|---|---|---|---|---|---|---|---|---|
| 主控项目 | | 1 | 砖的规格、质量、品种必须符合设计要求 应检查出厂合格证或试验报告 | | | | | | | | | |
| | | 2 | 砖的看面必须磨平磨光，不得有"花羊皮"和斧花 | | | | | | | | | |
| | | 3 | 砖肋不得有"棒锤肋"，不得有倒包灰 | | | | | | | | | |
| | | 4 | 砖包灰必须留有适当的转头肋，不得砍成"刀口料"。膀子面做法的应能晃尺 | | | | | | | | | |

| | | 表面完整，无明显缺棱掉角为合格品，表面完整，无缺棱掉角为优质品 | | | | | | | | | | | |
|---|---|---|---|---|---|---|---|---|---|---|---|---|---|
| 一般项目 | 干摆、丝缝墙及细墁地面 | | 项 目 | | 允许偏差（mm） | 实测值（mm） | | | | | | | | 合格率（％） |
| | | | | | | 1 | 2 | 3 | 4 | 5 | 6 | 7 | 8 | 9 | 10 | |
| | | 1 | 砖面平整度 | | 0.5 | | | | | | | | | | | |
| | | 2 | 砖的看面长、宽度 | | 0.5 | | | | | | | | | | | |
| | | 3 | 砖的摞加厚度（地面砖不检查） | | +2（负值不允许） | | | | | | | | | | | |
| | | 4 | 砖棱平直 | | 0.5 | | | | | | | | | | | |
| | | 5 | 截头方正 | 墙身砖 | 0.5 | | | | | | | | | | | |
| | | | | 地面砖 | 1 | | | | | | | | | | | |
| | | 6 | 包灰 | 城砖 | 墙身砖 6mm | 2 | | | | | | | | | | | |
| | | | | | 地面砖 3mm | | | | | | | | | | | | |
| | | | | 小砖 | 墙身砖 5mm | 2 | | | | | | | | | | | |
| | | | | | 地面砖 3mm | | | | | | | | | | | | |
| | | 7 | 转头砖、八字砖角度 | | +0.5（负值不允许） | | | | | | | | | | | |

续表

| | 主控项目 | |
|---|---|---|
| | 一般项目 | |
| 施工单位检查评定结果 | 项目专业质量检查员：<br>项目专业质量（技术）负责人：<br><br>　　　　　　　　　　　　　年　　　月　　　日 | |
| 监理（建设）单位验收结论 | 监理工程师或建设单位项目技术负责人：<br><br>　　　　　　　　　　　　　年　　　月　　　日 | |

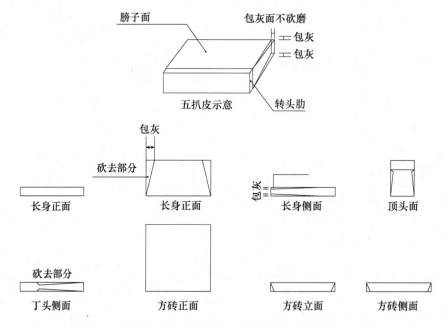

图 7.1.3　干摆砖面、丝缝墙、淌白缝加工等砖料加工工艺

# 第二节　淌白墙砖料加工

一、砖的品种、规格、质量必须符合设计要求。

检验方法：观察检查，检查出厂合格证或试验报告。

二、砖的看面必须磨光，不得留有"花羊皮"。

检验方法：观察检查。

三、砖料表面应符合以下规定：

看面完整，无明显缺棱掉角。

检验方法：观察检查。

四、淌白截头砖的允许偏差应符合表中规定：

注：无截头要求者不检查。

检查数量：按批量检查，不少于一个检验批，抽查总数的 10%，但不少于 10 块。

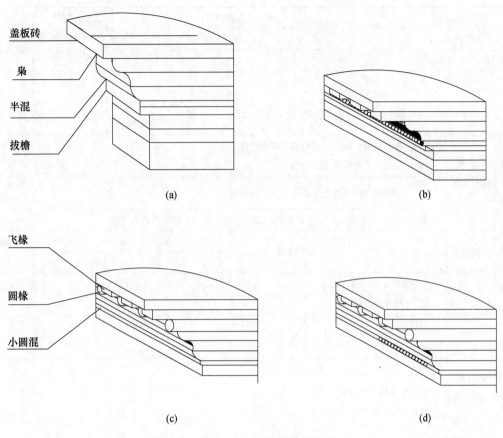

图 7.2.1 各种砖檐示意及异型砖组合

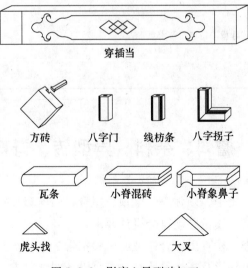

图 7.2.2 影廊心异型砖加工

五、淌白墙砖料加工验收记录表

表 7-2-1

| 工程名称 | | | 分项工程名称 | | | | | | | | 验收部位 | | |
|---|---|---|---|---|---|---|---|---|---|---|---|---|---|
| 施工单位 | | | | | | | | | | | 项目经理 | | |
| 执行标准名称及编号 | | | | | | | | | | | 专业工长 | | |
| 分包单位 | | | | | | | | | | | 施工班组长 | | |
| 质量验收规范的规定、检验方法：观察检查、实测检查 | | | | | | | | | | 施工单位检查评定记录 | 监理（建设）单位验收记录 | | |
| 主控项目 | 淌白墙砖料加工 | 1 | 砖的品种、规格、质量必须符合设计要求 检查出厂合格证或试验报告 | | | | | | | | | | |
| | | 2 | 砖的看面必须磨光，不得留有"花羊皮" | | | | | | | | | | |
| 一般项目 | 淌白截头砖 | 看面完整，无明显缺棱掉角为合格；看面完整美观，无缺棱掉角为优质。 | | | | | | | | | | | |
| | | 项　　目 | 允许偏差（mm） | 实测值（mm） | | | | | | | | | 合格率（%） |
| | | | | 1 | 2 | 3 | 4 | 5 | 6 | 7 | 8 | 9 | 10 | |
| | | 看面长度与"官砖"（样板砖）相比 | ±1 | | | | | | | | | | | |
| 施工单位检查评定结果 | 主控项目 | | | | | | | | | | | | |
| | 一般项目 | | | | | | | | | | | | |
| | 项目专业质量检查员：<br>项目专业质量（技术）负责人：<br><br>　　　　　　　　　年　　月　　日 | | | | | | | | | | | | |
| 监理（建设）单位验收结论 | 监理工程师或建设单位项目技术负责人：<br><br>　　　　　　　　　年　　月　　日 | | | | | | | | | | | | |

# 第三节　檐料、杂料、异型砖、脊料砖加工

一、本节包括砖檐、梢子、须弥座、宝顶、屋脊、门窗套、砖券及各种异型砖料。

二、砖的品种、规格、质量必须符合设计要求。

检验方法：观察检查，检查出厂合格证或试验报告。

三、砍砖所需的样板外形及规格尺寸必须符合设计图纸要求，无图者应符合古建常规做法。

检验方法：检查样板。

四、直檐砖下棱必须为膀子面，侧面露明的，转头肋必须大于出檐尺寸。

检验方法：观察或用方尺和尺量检查。

五、砖表面必须光顺，不得有斧花、凿痕等缺陷。

检验方法：观察检查。

六、细作的砖料，其砖肋不得有"棒锤肋"，不得有倒包灰。

检验方法：观察检查。

七、细作的砖料，其砖肋必须留有适当的转头肋，膀子面应能晃尺。

检验方法：观察或用方尺检查。

八、砖的棱角应符合以下规定：

棱角完整，无明显的缺棱掉角。

检验方法：观察检查。

九、檐料、杂料、异型砖、脊料砖的加工允许偏差和检验方法应符合以下规定：

检查数量：按批量检查，不少于一个检验批，宜按份或按对检查，檐料、脊料应按全长抽查10%，跨度较大且对称的（如门窗套、砖券等），可检查一半。需上小摞检查的，不少于2摞。小砖每摞不少于5块，城砖每摞不少于4块。

检验方法：

1. 形状与规格尺寸——与样板形状、规格尺寸相比，尺量检查。灰砌糙砖的规格尺寸不做检查但形状应符合样板。

2. 砖的厚度（只检查砖檐等多层的）——上小摞，尺量，与样板累加高度相比。糙砌者不检查。

3. 砖棱平直（只检查砖檐等多层的）——两砖相摞，楔形塞尺检查，糙砌者不检查。

4. 包灰——用包灰尺和尺量检查。

5. 角度跟尺——用方尺或活尺搭靠，尺量另一端偏差。

6. 并缝严密（只检查多块拼装的）——与样板重合码放，尺量每道缝。

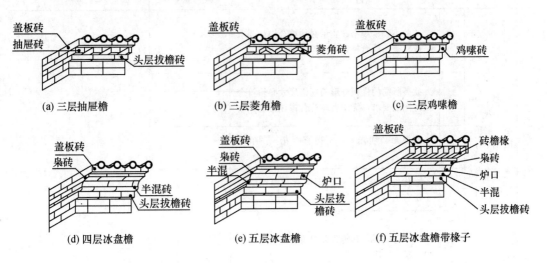

(a) 三层抽屉檐　　　　(b) 三层菱角檐　　　　(c) 三层鸡嗉檐

(d) 四层冰盘檐　　　　(e) 五层冰盘檐　　　　(f) 五层冰盘檐带椽子

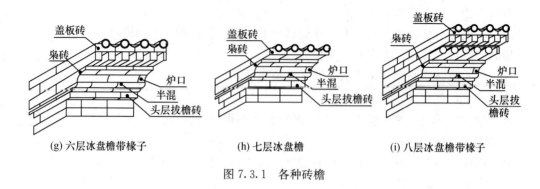

(g) 六层冰盘檐带椽子　　　　(h) 七层冰盘檐　　　　(i) 八层冰盘檐带椽子

图 7.3.1　各种砖檐

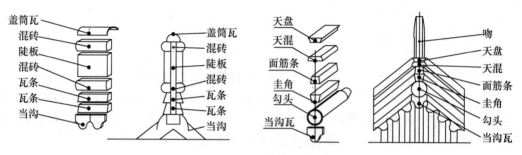

图 7.3.2　各种脊砖料加工

## 十、檐料、杂料、异型砖、脊料砖加工验收记录表

表 7-3-1

| 工程名称 | | | | 分项工程名称 | | 验收部位 | |
|---|---|---|---|---|---|---|---|
| 施工单位 | | | | | | 项目经理 | |
| 执行标准名称及编号 | | | | | | 专业工长 | |
| 分包单位 | | | | | | 施工班组长 | |
| 质量验收规范的规定、检验方法：观察检查、实测检查 | | | | | 施工单位检查评定记录 | 监理（建设）单位验收记录 | |
| 主控项目 | 砖檐、梢子、须弥座、宝顶、屋脊、门窗套、砖券及各种异型砖料 | 1 | 砖的品种、规格、质量必须符合设计要求应检查出厂合格证或试验报告 | | | | |
| | | 2 | 砍砖所需的样板外形及规格尺寸必须符合设计图纸要求，无图者应符合古建常规做法 | | | | |
| | | 3 | 砖表面必须光顺，不得有斧花、凿痕等缺陷 | | | | |
| | | 4 | 细作的砖料，其砖肋不得有"棒锤肋"，不得有倒包灰 | | | | |
| | | 5 | 细作的砖料，其砖肋必须留有适当的转头肋。膀子面应能晃尺 | | | | |

| 项　目 | | 允许偏差（mm） | 实测值（mm） | | | | | | | | | | 合格率（%） |
|---|---|---|---|---|---|---|---|---|---|---|---|---|---|
| 棱角完整，无明显的缺棱掉角为合格；棱角完整，无缺棱掉角为优质 | | | | | | | | | | | | | |
| | | | 1 | 2 | 3 | 4 | 5 | 6 | 7 | 8 | 9 | 10 | |
| 一般项目　砖檐、梢子、须弥座、宝顶、屋脊、门窗套、砖券及各种异型砖料 | 1　形状与规格尺寸　细作 | 0.5 | | | | | | | | | | | |
| | 糙砌 | 1 | | | | | | | | | | | |
| | 2　砖的厚度（只检查砖檐等多层的） | +20 | | | | | | | | | | | |
| | 3　砖棱平直（只检查砖檐等多层的） | 0.5 | | | | | | | | | | | |
| | 4　包灰　城砖　墙身砖6mm | ±2 | | | | | | | | | | | |
| | 地面砖3mm | ±2 | | | | | | | | | | | |
| | 小砖　墙身砖5mm | ±2 | | | | | | | | | | | |
| | 方砖　地面砖3mm | ±2 | | | | | | | | | | | |
| | 5　角度跟尺　墙身 | 0.5 | | | | | | | | | | | |
| | 地面 | 1 | | | | | | | | | | | |
| | 6　并缝严密（只检查多块拼装的）　细作 | 1 | | | | | | | | | | | |
| | 糙砌 | 2 | | | | | | | | | | | |
| 施工单位检查评定结果 | 主控项目 | | | | | | | | | | | | |
| | 一般项目 | | | | | | | | | | | | |
| | 项目专业质量检查员：<br>项目专业质量（技术）负责人：<br>　　　　　　　　　年　　月　　日 | | | | | | | | | | | | |
| 监理（建设）单位验收结论 | 监理工程师或建设单位项目技术负责人：<br>　　　　　　　　　年　　月　　日 | | | | | | | | | | | | |

# 第四节　砖雕刻

一、砖的品种、规格、质量必须符合设计要求。

检验方法：观察、敲击检查，检查出厂合格证或试验报告。

二、雕刻的内容、形式必须符合设计要求或传统惯例，造型准确、比例恰当。

检查数量：不少于一个检验批，每种砖雕不少于1处。

检验方法：观察检查。

三、接槎应通顺，图案完好，无缺棱掉角。

检查数量：不少于一个检验批，不少于总数的10%。

检验方法：观察检查。

四、砖雕的外观应符合以下规定：

形象自然，生动美观，立体感强，线条流畅清晰。

检验方法：观察检查。

图 7.4.1　开封山陕甘会馆砖雕牌坊

图 7.4.2　圆型平砖雕

图 7.4.3　扇面平砖雕

图 7.4.4 方池平砖雕

　　砖雕俗称硬花活，雕刻手法有平雕、浮雕（浅浮雕和高浮雕）、透雕。雕刻的一般程序为画、耕、钉窟窿、镲、齐口、捅道、磨、上药、打点。另外还一种软花活，用抹灰方式制作的花饰和瓦件，称为软花活。软花活制作又分为"堆活"和"镂活"两种。

## 五、砖雕刻验收记录表

**表 7-4-1**

| 工程名称 | | 分项工程名称 | | 验收部位 | |
|---|---|---|---|---|---|
| 施工单位 | | | | 项目经理 | |
| 执行标准名称及编号 | | | | 专业工长 | |
| 分包单位 | | | | 施工班组长 | |

| | | 质量验收规范的规定、检验方法：观察检查、实测检查 | | | | | | | | | | | | 施工单位检查评定记录 | 监理（建设）单位验收记录 |
|---|---|---|---|---|---|---|---|---|---|---|---|---|---|---|---|---|
| 主控项目 | 砖檐、梢子、须弥座、宝顶、屋脊、门窗套、砖券及各种异型砖料 | 1 | 砖的品种、规格、质量必须符合设计要求，敲击检查，检查出厂合格证或试验报告 | | | | | | | | | | | | | |
| | | 2 | 雕刻的内容和形式必须符合设计要求或传统惯例，造型准确，比例恰当 | | | | | | | | | | | | | |
| | | 3 | 接槎应通顺，图案完好，无缺棱掉角 | | | | | | | | | | | | | |
| 一般项目 | | 形象自然，生动美观，立体感强，线条流畅、清晰 | | | | | | | | | | | | | | |
| | | | 项 目 | 允许偏差（mm） | 实测值（mm） | | | | | | | | | | 合格率（%） |
| | | | | | 1 | 2 | 3 | 4 | 5 | 6 | 7 | 8 | 9 | 10 | |
| | | 1 | 与设计图相符 | ±1 | | | | | | | | | | | |
| | | 2 | 与设计图相符 | ±1 | | | | | | | | | | | |
| | | 3 | 与设计图相符 | ±1 | | | | | | | | | | | |
| | | 4 | 与设计图相符 | ±1 | | | | | | | | | | | |
| | | 5 | 与设计图相符 | ±1 | | | | | | | | | | | |
| | | 6 | 与设计图相符 | ±1 | | | | | | | | | | | |

| 施工单位检查评定结果 | 主控项目 | |
|---|---|---|
| | 一般项目 | |
| | 项目专业质量检查员：<br>项目专业质量（技术）负责人：<br><br><br>年　月　日 | |
| 监理（建设）单位验收结论 | 监理工程师或建设单位项目技术负责人：<br><br><br>年　月　日 | |

# 第八章　砌筑工程

## 第一节　干摆、丝缝墙工程

一、砖的品种、规格、质量必须符合设计要求。

检验方法：观察检查，检查出厂合格证或试验报告。

二、灰浆的品种必须符合设计要求，砌体灰浆必须饱满。

检查数量：每步架抽查不少于 3 处，按批量检查，不少于一个检验批。

检验方法：观察检查，必要时掀砖检查。

三、砖的组砌应符合以下规定：

组砌方式、墙面的艺术形式及砖的排列形式等，与常见的传统做法无明显差别。

检验方法：观察检查。

四、砌体内外搭接应符合以下规定：

砌体内外搭砌良好，拉结砖交错设置无"两张皮"现象。

检查数量：每层或 4m 高以内，每 10m 抽查 1 处，每处 2m，不少于 2 处。按批量检查，不少于一个检验批。

检验方法：观察检查。

五、墙面应符合以下规定：

墙面整洁，干摆墙面的砖缝无明显缝隙，丝缝墙的灰缝严实、深度均匀，干摆或丝缝墙面均不得刷浆。

检查数量：每层或 4m 高以内，每 10m 抽查 1 处，每处 2m，不少于 2 处。按批量检查，不少于一个检验批。

检验方法：观察检查。

六、干摆、丝缝墙的允许偏差和检验方法应符合表中规定。

注：1. 轴线位移不包括柱顶石掭升所造成的偏移。

2. 要求收分的墙面，如设计无规定，按 3/1000～7/1000 墙高收分。

3. 仿丝缝做法（砖料不做砍磨或仅磨表面）的墙面，应按淌白墙的允许偏差检验评定。

检查数量：影壁、门楼等独立性较强的构筑物，不少于 4 处，下肩和上身各 2 处。

检验方法：

1. 轴线位移——与图纸尺寸相比较，用经纬仪或拉线、尺量检查。

2. 顶面标高——水准仪或拉线、尺量检查。设计无标高要求的，检查四角或两端水平标高的偏差。

3. **要求垂直墙面**——经纬仪或吊线、尺量检查。

4. **墙面平整度**——用 2m 靠尺横竖斜搭均可，楔形塞尺检查。

5. **水平灰缝平直度**——拉 2m 线，尺量检查，拉 5m 线（不足 5m 的拉通线），尺量检查。

6. **丝缝墙灰缝厚度**——抽查经观察测定的最大灰缝，尺量检查。

7. **丝缝墙面游丁走缝**——吊线和尺量检查，以底层第一皮砖为准。

8. **洞口宽度**——尺量检查，与设计尺寸比较。

图 8.1.1 干摆丝缝墙真砖实缝（一）

图 8.1.2 干摆丝缝墙真砖实缝（二）

图 8.1.3 干摆丝缝墙真砖实缝（三）

注：1. 细缝子砖缝不超 2mm　2. 灰缝厚度一般为 3～4mm

砌砖：砌丝缝墙一般用五扒皮砖，也可用膀子面砖，如用膀子面，习惯上应将砖的膀子面（无包灰的一面）朝上放置。砌丝缝墙要用老浆灰，灰缝的宽度应为 2～4mm。

七、干摆、丝缝墙工程验收记录表

表 8-1-1

| 工程名称 | | | | 分项工程名称 | | 验收部位 | |
|---|---|---|---|---|---|---|---|
| 施工单位 | | | | | | 项目经理 | |
| 执行标准名称及编号 | | | | | | 专业工长 | |
| 分包单位 | | | | | | 施工班组长 | |
| 质量验收规范的规定、检验方法：观察检查、实测检查 | | | | | | 施工单位检查评定记录 | 监理（建设）单位验收记录 |
| 主控项目 | 干摆、丝缝墙 | 1 | 砖的品种、规格、质量必须符合设计要求。<br>检验方法：观察检查，检查出厂合格证或试验报告 | | | | |
| | | 2 | 灰浆的品种必须符合设计要求，砌体灰浆必须饱满。检查数量：每步架抽查不少于 3 处 | | | | |

1. 组砌方式、墙面的艺术形式及砖的排列形式等，应与常见的传统做法无明显差别，且应符合常见的传统做法

2. 砌体内外搭砌良好，拉结砖交错设置，填馅严实，无"两张皮"现象

3. 墙面清洁美观，楞角整齐；干摆墙面的砖缝严密；丝缝墙的灰缝严实、深度一致、大小均匀；干摆或丝缝墙面均不得刷浆，清水冲洗后应露出真砖实缝的为优质

| | 项　目 | | 允许偏差（mm） | 实测值（mm） | | | | | | | | | | 合格率（%） |
|---|---|---|---|---|---|---|---|---|---|---|---|---|---|---|
| | | | | 1 | 2 | 3 | 4 | 5 | 6 | 7 | 8 | 9 | 10 | |
| 1 | 轴线位移 | | ±5 | | | | | | | | | | | |
| 2 | 顶面标高 | | ±10 | | | | | | | | | | | |
| 3 | 垂直度 | 要求"收分"的外墙 | ±5 | | | | | | | | | | | |
| | | 要求垂直墙面 5m以下或每层高 | 3 | | | | | | | | | | | |
| | | 全高 10m以下 | 6 | | | | | | | | | | | |
| | | 全高 10m以上 | 10 | | | | | | | | | | | |
| 4 | 墙面平整度 | | 3 | | | | | | | | | | | |
| 5 | 水平灰缝平直度 | 2m以内 | 2 | | | | | | | | | | | |
| | | 2m以外 | 3 | | | | | | | | | | | |
| 6 | 丝缝墙灰缝厚度（灰缝厚3～4mm） | | 1 | | | | | | | | | | | |
| 7 | 丝缝墙面游丁走缝 | 2m以下 | 5 | | | | | | | | | | | |
| | | 5m以下或每层高 | 10 | | | | | | | | | | | |
| 8 | 洞口宽度（后塞口） | | ±5 | | | | | | | | | | | |

一般项目　干摆、丝缝墙

| 主控项目 | |
|---|---|
| 一般项目 | |

施工单位检查评定结果

项目专业质量检查员：
项目专业质量（技术）负责人：

年　月　日

监理（建设）单位验收结论

监理工程师或建设单位项目技术负责人：

年　月　日

注：1. 轴线位移不包括柱顶石掰升所造成的偏移。
2. 要求收分的墙面，如设计无规定，按3/1000～7/1000墙高收分。
3. 仿丝缝做法（砖料不做砍磨或仅磨表面）的墙面，应按淌白墙的允许偏差检验评定。

# 第二节 淌白墙工程

一、砖的品种、规格、质量必须符合设计要求。

检验方法：观察检查，检查出厂合格证或试验报告。

二、灰浆的品种必须符合设计要求，砌体灰浆必须密实饱满，砌体水平缝的灰浆饱满度不得低于 80%。

检查数量：每步架抽查不少于 3 处，按批量检查，不少于一个检验批。

检验方法：每次掀 3 块砖，用百格网检查砖底面与灰浆的粘结痕迹面积，取其平均值。

三、砖的组砌应符合以下规定：

组砌方式、墙面的艺术形式及砖的排列形式等与常见的传统做法无明显差别。

检验方法：观察检查。

四、砌体内外搭接应符合以下规定：

砌体内外搭砌良好，拉结砖交错设置，无"两张皮"现象。

检查数量：每层或 4m 高以内，每 10m 抽查 1 处，每处 2m，但不少于 2 处，不少于一个检验批。

检验方法：观察检查。

五、墙面应符合以下规定：

墙面整洁，灰缝直顺、严实、深浅均匀、接槎自然。

检验方法：观察检查。

六、淌白墙的允许偏差和检验方法应符合表中规定：

检查数量：每层或 4m 高以内，每 10m 抽查 1 处，每处 2m，不少于 2 处，不少于一个检验批。

1. 轴线位移——与图纸尺寸相比较，用经纬仪或拉线、尺量检查。

2. 顶面标高——水准仪或拉线、尺量检查。设计无标高要求的，检查四角或两端水平标高的偏差。

3. 要求垂直墙面——经纬仪或吊线、尺量方法检查。

4. 墙面平整度——用 2m 靠尺横竖斜搭均可，楔形塞尺检查。

5. 水平灰缝平直度——拉 2m 线，尺量检查，拉 5m 线（不足 5m 的拉通线），尺量检查。

6. 丝缝墙灰缝厚度——与皮数杆比较，尺量检查。

7. 丝缝墙面游丁走缝——吊线和尺量检查，以底层第一皮砖为准。

8. 洞口宽度——尺量检查，与设计尺寸比较。

图 8.2.1　澄白灰墙（一）

注：1. 澄白缝子（仿丝缝）耕缝为 2～3mm。
　　2. 普通澄白墙，砖灰缝厚度为 4～6mm。
　　3. 澄白描缝砖灰缝厚度为 4～6mm。

图 8.2.2　澄白灰墙（二）

图 8.2.3　澄白灰墙（三）

图 8.2.3　淌白灰墙（四）

## 七、淌白墙工程验收记录表

表 8-2-1

| 工程名称 | | | 分项工程名称 | | 验收部位 | |
|---|---|---|---|---|---|---|
| 施工单位 | | | | | 项目经理 | |
| 执行标准名称及编号 | | | | | 专业工长 | |
| 分包单位 | | | | | 施工班组长 | |

| 质量验收规范的规定、检验方法：观察检查、实测检查 | | | | | 施工单位检查评定记录 | 监理（建设）单位验收记录 |
|---|---|---|---|---|---|---|

<table>
<tr><td rowspan="2">主控项目</td><td>1</td><td colspan="4">砖的品种、规格、质量必须符合设计要求。<br>检验方法：观察检查，检查出厂合格证或试验报告</td><td></td><td></td></tr>
<tr><td>2</td><td colspan="4">灰浆的品种必须符合设计要求，砌体灰浆必须密实饱满，砌体水平缝的灰浆饱满度不得低于80%</td><td></td><td></td></tr>
</table>

| | | | | | 组砌方式、墙面的艺术形式及砖的排列形式等与常见的传统做法无明显差别。<br>砌体内外搭砌良好，拉结砖交错设置，无"两张皮"现象<br>墙面整洁，灰缝直顺、严实、深浅均匀、接槎自然 | | | | | | | | | | | |

<table>
<tr><td rowspan="13">一般项目</td><td rowspan="13">淌白墙</td><td colspan="4" rowspan="2">项　目</td><td rowspan="2">允许偏差（mm）</td><td colspan="10">实测值（mm）</td><td rowspan="2">合格率（%）</td></tr>
<tr><td>1</td><td>2</td><td>3</td><td>4</td><td>5</td><td>6</td><td>7</td><td>8</td><td>9</td><td>10</td></tr>
<tr><td>1</td><td colspan="3">轴线位移</td><td>±5</td><td></td><td></td><td></td><td></td><td></td><td></td><td></td><td></td><td></td><td></td><td></td></tr>
<tr><td>2</td><td colspan="3">顶面标高</td><td>±10</td><td></td><td></td><td></td><td></td><td></td><td></td><td></td><td></td><td></td><td></td><td></td></tr>
<tr><td rowspan="4">3</td><td rowspan="4">垂直度</td><td colspan="2">要求"收分"的外墙</td><td>±5</td><td></td><td></td><td></td><td></td><td></td><td></td><td></td><td></td><td></td><td></td><td></td></tr>
<tr><td rowspan="3">要求垂直的墙面</td><td>5m以下或每层高</td><td>5</td><td></td><td></td><td></td><td></td><td></td><td></td><td></td><td></td><td></td><td></td><td></td></tr>
<tr><td>全高 10m以下</td><td>10</td><td></td><td></td><td></td><td></td><td></td><td></td><td></td><td></td><td></td><td></td><td></td></tr>
<tr><td>全高 10m以上</td><td>20</td><td></td><td></td><td></td><td></td><td></td><td></td><td></td><td></td><td></td><td></td><td></td></tr>
<tr><td>4</td><td colspan="3">墙面平整度</td><td>5</td><td></td><td></td><td></td><td></td><td></td><td></td><td></td><td></td><td></td><td></td><td></td></tr>
<tr><td rowspan="2">5</td><td rowspan="2">水平灰缝平直度</td><td colspan="2">2m以内</td><td>3</td><td></td><td></td><td></td><td></td><td></td><td></td><td></td><td></td><td></td><td></td><td></td></tr>
<tr><td colspan="2">2m以外</td><td>4</td><td></td><td></td><td></td><td></td><td></td><td></td><td></td><td></td><td></td><td></td><td></td></tr>
</table>

| | | 项　目 | | 允许偏差（mm） | 实测值（mm） | | | | | | | | | | | 合格率（%） |
|---|---|---|---|---|---|---|---|---|---|---|---|---|---|---|---|---|
| | | | | | 1 | 2 | 3 | 4 | 5 | 6 | 7 | 8 | 9 | 10 | | |
| 一般项目 | 淌白墙 | 6 | 水平灰缝厚度（10层累计） | 淌白仿丝缝 | ±4 | | | | | | | | | | | |
| | | | | 普通淌白墙 | ±8 | | | | | | | | | | | |
| | | 7 | 墙面游丁走缝 | 淌白截头 | 2m以下 | 6 | | | | | | | | | | | |
| | | | | 淌白拉面 | 5m以下或每层高 | 12 | | | | | | | | | | | |
| | | | | | 2m以下 | 8 | | | | | | | | | | | |
| | | | | | 5m以下或每层高 | 15 | | | | | | | | | | | |
| | | 8 | 门窗洞口宽度（后塞口） | | ±5 | | | | | | | | | | | |
| | | 主控项目 | | | | | | | | | | | | | | |
| | | 一般项目 | | | | | | | | | | | | | | |
| 施工单位检查评定结果 | | 项目专业质量检查员：<br>项目专业质量（技术）负责人：<br><br>　　　　　　　　　　　　　　　　　年　　月　　日 | | | | | | | | | | | | | | |
| 监理（建设）单位验收结论 | | 监理工程师或建设单位项目技术负责人：<br><br>　　　　　　　　　　　　　　　　　年　　月　　日 | | | | | | | | | | | | | | |

注：1. 轴线位移不包括柱顶石掰升所造成的偏移。
　　2. 要求收分的墙面，如设计无规定，按3/1000～7/1000墙高收分。

# 第三节　糙砖墙工程

一、砖的品种、规格、质量必须符合设计要求。

检验方法：观察检查，检查出厂合格证或试验报告。

二、灰浆的品种必须符合设计要求，灰浆必须密实饱满，砌体水平灰缝砂浆的饱满度不得低于80%。

检查数量：按批量检查，不少于一个检验批，每步架抽查不少于3处，抽查总数的10%。

检验方法：每次掀3块砖，用百格网检查砖底面与灰浆的粘结痕迹面积，取其平均值。

三、砖的组砌应符合以下规定：

组砌方式正确，砖缝排列形式与古建常见做法无明显差别。

检验方法：观察检查。

四、砌体内外搭接应符合以下规定：

砌体内外搭砌良好，拉结砖交错设置，无"两张皮"现象。

检查数量：按批量检查，不少于一个检验批，每层或 4m 高以内按每 10m 抽查 1 处，每处 2m，不少于 2 处，抽查总数的 10%。

检验方法：观察检查。

五、墙面应符合以下规定：

墙面整洁，灰缝直顺、严实、深浅均匀、接槎自然。

检查数量：按批量检查，不少于一个检验批，每层或 4m 高以内按每 10m 抽查 1 处，每处 2m，不少于 2 处，抽查总数的 10%。

检验方法：观察检查。

六、淌白墙的允许偏差和检验方法应符合表中规定。

检查数量：按批量检查，不少于一个检验批，每层或 4m 高以内按每 10m 抽查 1 处，每处 2m，不少于 2 处，抽查总数的 10%。

1. 轴线位移——与图纸尺寸相比较，用经纬仪或拉线、尺量检查。

2. 顶面标高——水准仪或拉线、尺量检查。设计无标高要求的，检查四角或两端水平标高的偏差。

3. 要求垂直墙面——经纬仪或吊线和尺量方法检查。

4. 墙面平整度——用 2m 靠尺横竖斜搭均可，楔形塞尺检查。

5. 水平灰缝平直度——拉 2m 线，尺量检查，拉 5m 线（不足 5m 的拉通线），尺量检查。

6. 丝缝墙灰缝厚度——与皮数杆比较，尺量检查。

7. 丝缝墙面游丁走缝——吊线和尺量检查，以底层第一皮砖为准。

8. 洞口宽度——尺量检查，与设计尺寸比较。

七、糙砖墙工程验收记录表

**表 8-3-1**

| 工程名称 | | | 分项工程名称 | | | | | | | | | 验收部位 | |
|---|---|---|---|---|---|---|---|---|---|---|---|---|---|
| 施工单位 | | | | | | | | | | | | 项目经理 | |
| 执行标准名称及编号 | | | | | | | | | | | | 专业工长 | |
| 分包单位 | | | | | | | | | | | | 施工班组长 | |
| 质量验收规范的规定、检验方法：观察检查、实测检查 | | | | | | | | | | 施工单位检查评定记录 | | 监理（建设）单位验收记录 | |
| 主控项目 | 糙砖墙工程 | 1 | 砖的品种、规格、质量必须符合设计要求<br>检验方法：观察检查，检查出厂合格证或试验报告 | | | | | | | | | | |
| | | 2 | 灰浆的品种必须符合设计要求，砌体灰浆必须密实饱满，砌体水平缝的灰浆饱满度不得低于80% | | | | | | | | | | |
| 一般项目 | | 组砌方式正确，砖缝排列形式与古建常见做法无明显差别<br>砌体内外搭砌良好，拉结砖交错设置，填馅较严实，无"两张皮"现象、留槎正确<br>墙面整洁，灰缝直顺、严实、深浅均匀、接槎自然 | | | | | | | | | | | |
| | | 项　目 | 允许偏差（mm） | 实测值（mm） | | | | | | | | | 合格率（%） |
| | | | | 1 | 2 | 3 | 4 | 5 | 6 | 7 | 8 | 9 | 10 |
| | | 1 | 轴线位移 | ±10 | | | | | | | | | | |
| | | 2 | 顶面标高 | ±10 | | | | | | | | | | |

续表

| 项　目 | | | | 允许偏差（mm） | 实测值（mm） | | | | | | | | | | 合格率（%） |
|---|---|---|---|---|---|---|---|---|---|---|---|---|---|---|---|
| | | | | | 1 | 2 | 3 | 4 | 5 | 6 | 7 | 8 | 9 | 10 | |
| 一般项目 | 糙砖墙工程 | 3 | 垂直度 | 要求"收分"的外墙 | ±5 | | | | | | | | | | | |
| | | | | 要求垂直的墙面 | 5m以下或每层高 | 5 | | | | | | | | | | | |
| | | | | | 全高 | 10m以下 | 10 | | | | | | | | | | |
| | | | | | | 10m以上 | 20 | | | | | | | | | | |
| | | 4 | 墙面平整度 | | 5 | | | | | | | | | | | |
| | | 5 | 墙面平整度 | 清水墙 | 2m以内 | 3 | | | | | | | | | | | |
| | | | | | 2m以外 | 4 | | | | | | | | | | | |
| | | | | 混水墙 | 2m以内 | 4 | | | | | | | | | | | |
| | | | | | 2m以外 | 5 | | | | | | | | | | | |
| | | 6 | 水平灰缝平直度（10层累计） | | ±8 | | | | | | | | | | | |
| | | 7 | 墙面游丁走缝 | 2m以下 | 8 | | | | | | | | | | | |
| | | | | 5m以下或每层高 | 20 | | | | | | | | | | | |
| | | 8 | 门窗洞口宽度（后塞口） | | ±5 | | | | | | | | | | | |

| | | |
|---|---|---|
| | 主控项目 | |
| | 一般项目 | |
| 施工单位检查评定结果 | 项目专业质量检查员：<br>项目专业质量（技术）负责人：<br><br>　　　　　　　　　　　　　　　　　　　年　　　月　　　日 | |
| 监理（建设）单位验收结论 | 监理工程师或建设单位项目技术负责人：<br><br>　　　　　　　　　　　　　　　　　　　年　　　月　　　日 | |

注：1. 轴线位移不包括柱顶石掰升所造成的偏移。
　　2. 要求收分的墙面，如设计无规定，按 3/1000～7/1000 墙高收分。
　　3. 糙砖墙分带刀缝灰缝厚度 5～8mm 和灰砌糙砖灰缝厚度为 8～10mm 两种。

图 8.3.1　糙砌砖墙

# 第四节 碎砖墙工程

一、碎砖墙工程包括碎砖墙及不同规格品种砖的混合砌体。

二、灰浆品种必须符合设计要求，使用掺灰泥的，灰的含量不少于30%。生石灰必须充分熟化消解，不得出现爆灰现象。

检验方法：观察检查，必要时取样测定。

三、砌体灰浆必须密实饱满。

检查数量：按批量检查，不少于一个检验批，每步架抽查不少于3处，每处0.5m，抽查总数的10%。

检验方法：观察检查。

四、砖的组砌应符合以下规定：

组砌正确，混水墙不应陡砌，清水墙不应陡砌和"皱"砌。

检验方法：观察检查。

五、砌体上下错缝应符合以下规定：

通缝不超过3皮砖长，里、外皮应互相拉结，拉丁砖每面墙不少于5块/$m^2$；填馅严实，留槎正确；砌至柁底或檩底时，砖应顶实。

检查数量：按批量检查，不少于一个检验批，外墙按每层或4m高以内每10m抽查1处，每处2m，抽查总数的10%。内墙，按有代表性的自然间抽查10%，不少于1间。

检验方法：观察检查。

六、墙面不抹灰的应符合以下规定：

墙面整洁，泥（灰）缝密实，深浅一致。

检查数量：按批量检查，不少于一个检验批，外墙按每层或4m高以内每10m抽查1处，每处2m，抽查总数的10%。内墙，按有代表性的自然间抽查10%，不少于1间。

检验方法：观察检查。

七、碎砖墙的允许偏差和检验方法应符合表中规定：

1.轴线位移——与图纸尺寸相比较，用经纬仪或拉线，尺量检查。

2.顶面标高——水准仪或拉线、尺量检查。设计无标高要求的，检查四角或两端水平标高的偏差。

3.要求垂直墙面——经纬仪或吊线和尺量方法检查。

4.墙面平整度——用2m靠尺横竖斜搭均可，楔形塞尺检查。

5.清水墙泥缝平直度——拉2m线，尺量检查，拉5m线（不足5m的拉通线），尺量检查。

6.泥缝厚度——尺量检查经观察测定的最大泥缝。

7.洞口宽度——尺量检查，与设计尺寸比较。

## 八、碎砖墙工程验收记录表

表 8-4-1

<table>
<tr><td>工程名称</td><td></td><td>分项工程名称</td><td></td><td>验收部位</td><td></td></tr>
<tr><td>施工单位</td><td></td><td colspan="2"></td><td>项目经理</td><td></td></tr>
<tr><td>执行标准名称及编号</td><td></td><td colspan="2"></td><td>专业工长</td><td></td></tr>
<tr><td>分包单位</td><td></td><td colspan="2"></td><td>施工班组长</td><td></td></tr>
</table>

| 质量验收规范的规定、检验方法：观察检查、实测检查 | | | | 施工单位检查评定记录 | 监理（建设）单位验收记录 |
|---|---|---|---|---|---|
| 主控项目 | | 1 | 碎砖墙及不同规格品种砖的混合砌体（整砖不少于 1/5－1/3） | | |
| | | 2 | 灰浆品种必须符合设计要求，使用掺灰泥的，灰的含量不少于 30％，生石灰必须充分熟化消解，不得出现爆灰现象<br>检验方法：观察检查，必要时取样测定 | | |
| | | 3 | 灰浆的品种必须符合设计要求，砌体灰浆必须密实饱满，砌体水平缝的灰浆饱满度不得低于 80％ | | |

| 一般项目 | 碎砖墙及不同规格品种砖的混合砌体 | 组砌正确，混水墙不应陡砌，清水墙不应陡砌和"皮"砌<br>通缝不超过 3 皮砖长，里、外皮应互相拉结，拉丁砖每面墙不少于 5 块/m²；填馅严实，留槎正确；砌至柁底或檩底时，砖应顶实<br>墙面不抹灰的应符合以下规定：墙面整洁，泥（灰）缝密实，深浅一致 | | | | | | | | | | | | |
|---|---|---|---|---|---|---|---|---|---|---|---|---|---|---|
| | | 项　目 | | 允许偏差（mm） | 实测值（mm） | | | | | | | | | 合格率（%） |
| | | | | | 1 | 2 | 3 | 4 | 5 | 6 | 7 | 8 | 9 | 10 | |
| | | 1 | 轴线位移 | ±15 | | | | | | | | | | | |
| | | 2 | 顶面标高 | ±10 | | | | | | | | | | | |
| | | 3 垂直度 | 要求"收分"的外墙 | ±5 | | | | | | | | | | | |
| | | | 要求垂直的墙面　5m 以下或每层高 | 10 | | | | | | | | | | | |
| | | | 10m 以下全高 | 15 | | | | | | | | | | | |
| | | 4 | 墙面平整度 | 15 | | | | | | | | | | | |
| | | 5 清水墙泥缝平直度 | 2m 以内 | 4 | | | | | | | | | | | |
| | | | 5m 以内 | 7 | | | | | | | | | | | |
| | | 6 | 水平泥缝厚度（25 mm） | ±5 | | | | | | | | | | | |
| | | 7 | 门窗洞口宽度（后塞口） | ±5 | | | | | | | | | | | |

| 施工单位检查评定结果 | 主控项目 | |
|---|---|---|
| | 一般项目 | |
| | 项目专业质量检查员：<br>项目专业质量（技术）负责人：<br>　　　　　　　　　　　　　　　　年　　月　　日 | |

| 监理（建设）单位验收结论 | 监理工程师或建设单位项目技术负责人：<br>　　　　　　　　　　　　　　　　年　　月　　日 |
|---|---|

注：1. 轴线位移不包括柱顶石掰升所造成的偏移。

　　2. 要求收分的墙面，如设计无规定，按 3/1000～7/1000 墙高收分。

　　3. 碎砖墙灰缝厚度一般为 10～25mm。

# 第五节 异型砌体工程

一、异型砌体工程包括青砖砖檐、梢子、博风、须弥座、砖券、门窗套等。琉璃砖檐、梢子、博风、须弥座等应按本章第六节琉璃饰面工程的有关标准执行。

检查数量：按批量检查，不少于一个检验批，每10m抽查1处，但不少于1处；按份（或对）计的，抽查总数的10％，不少于1份（或1对）；做法差异较大的，每种不少于1处。

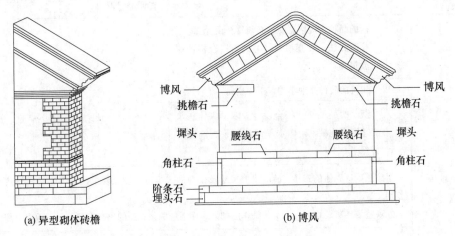

(a) 异型砌体砖檐          (b) 博风

图 8.5.1　异型砌体砖檐、博风及其他名称示意

二、砌体灰浆必须密实饱满。

检验方法：观察检查。

三、砖的品种、规格、质量必须符合设计要求。

检验方法：观察检查，检查出厂合格证或试验报告。

四、出挑的砖件必须牢固，不得松动。

检验方法：观察，用手轻推。

五、砖的组砌应符合以下规定：

组砌正确，砌体的式样、砖的出檐尺寸及排列形式等应符合设计要求或与古建常规做法无明显差别。

六、砌体外观应符合以下规定：

外观整洁，灰缝均匀、严实；细作的砌体表面不应刷浆；砖的出檐平顺、不下垂或上翘。

检验方法：观察检查。

七、异型砌体的允许偏差和检验方法应符合表中规定。

1. 出檐直顺平直度——拉3m线，尺量检查。

2. 直檐砖底平直度——拉3m线，尺量检查。

3. 博风、砖券曲檐砖底棱错缝——比较相邻砖的错缝程度，抽查经观察测定的最大偏差处。

八、异型砌体工程验收记录表

**表 8-5-1**

| 工程名称 | | | 分项工程名称 | | | 验收部位 | |
|---|---|---|---|---|---|---|---|
| 施工单位 | | | | | | 项目经理 | |
| 执行标准名称及编号 | | | | | | 专业工长 | |
| 分包单位 | | | | | | 施工班组长 | |

| | | | 质量验收规范的规定、检验方法：观察检查、实测检查 | | | | | | | | 施工单位检查评定记录 | 监理（建设）单位验收记录 |
|---|---|---|---|---|---|---|---|---|---|---|---|---|
| 主控项目 | 异型砌体工程 | 1 | 砖的品种、规格、质量必须符合设计要求<br>检验方法：观察检查，检查出厂合格证或试验报告 | | | | | | | | | |
| | | 2 | 出挑的砖件必须牢固，不得松动 | | | | | | | | | |
| | | 3 | 灰浆的品种必须符合设计要求，砌体灰浆必须密实饱满，砌体水平缝的灰浆饱满度不得低于80% | | | | | | | | | |
| 一般项目 | | 组砌正确，砌体的式样、砖的出檐尺寸及排列形式等符合设计要求或与古建常规做法无明显差别<br>外观整洁，灰缝均匀、严实；细作的砌体表面不应刷浆；砖的出檐平顺，不下垂或上翘 | | | | | | | | | | |

| | 项 目 | 允许偏差（mm） | | 实测值（mm） | | | | | | | | | | 合格率（%） |
|---|---|---|---|---|---|---|---|---|---|---|---|---|---|---|
| | | 细作 | 灰砌糙砖 | 1 | 2 | 3 | 4 | 5 | 6 | 7 | 8 | 9 | 10 | |
| 1 | 出檐直顺平直度 | 3 | 5 | | | | | | | | | | | |
| 2 | 直檐砖底平直度 | 2 | 5 | | | | | | | | | | | |
| 3 | 博风、砖券曲檐砖底棱错缝 | 1 | 2 | | | | | | | | | | | |

| | | |
|---|---|---|
| | 主控项目 | |
| | 一般项目 | |
| 施工单位检查评定结果 | 项目专业质量检查员：<br>项目专业质量（技术）负责人：<br><br>　　　　　　　　年　　月　　日 | |
| 监理（建设）单位验收结论 | 监理工程师或建设单位项目技术负责人：<br><br>　　　　　　　　年　　月　　日 | |

# 第六节  琉璃饰面工程

一、琉璃饰面工程包括琉璃墙面以及琉璃砖檐、梢子、博风、须弥座、面砖、挂檐等。

二、灰浆的品种及颜色必须符合设计要求，砌体灰浆必须密实饱满，砖墙水平灰缝的灰浆饱满度不得小于80％。

检查数量：按批量检查，不少于一个检验批，每步架抽查不少于3处，抽查总数的10％

检验方法：每次掀砖3块，用百格网检查砖底面与灰浆的粘结痕迹面积，取其平均值。

三、琉璃砖的规格、颜色、质量均应符合设计要求。

检验方法：观察检查，必要时检查出厂合格证或试验报告。

四、砖的组砌应符合以下规定：

组砌方式、饰面的艺术形式、砖的出檐尺寸及排列形式等符合设计要求或古建常规做法。

检验方法：观察检查。

五、砌体内外搭接应符合以下规定：

砌体内外搭砌良好，连接件的设置符合设计要求，填馅饱满。

检查数量：按批量检查，不少于一个检验批，4m高以内，每10m抽查1处，每处2m，但不少于2处；做法差异较大的，每种不少于1处，抽查总数的10％。

检验方法：观察检查。

六、饰面外观应符合以下规定：

表面整洁，釉面无明显残损，花饰图案拼接处无明显错缝，灰缝密实，宽度及深浅均匀。

检查数量：同第五条的规定。

检查方法：观察检查。

七、琉璃饰面安装的允许偏差和检验方法应符合以下规定：

检查数量：4m高以内，每10m抽查1处，不少于2处；琉璃影壁、花门、牌楼等独立性较强的构筑物，抽查数量每座不少于3处。按批量检查，不少于一个检验批，抽查总数的10％。

琉璃饰面安装的允许偏差和检验方法：

1. 轴线位移——与图纸尺寸相比较，用经纬仪或拉线、尺量检查。

2. 顶面标高——水准仪或拉线、尺量检查。设计无标高要求的，检查四角或两端水平标高的偏差。

3. 要求垂直墙面——经纬仪或吊线、尺量方法检查。

4. 墙面平整度——用2m靠尺横竖斜搭均可，楔形塞尺检查。

5. 清水墙泥缝平直度——拉2m线，尺量检查，拉5m线（不足5m的拉通线），尺量检查。

6. 面砖等拼装墙面的灰缝平直度——拉 2m 线，尺量检查。

7. 相邻砖高低差——短平尺贴于高处的墙面，用楔形塞尺检查两砖相邻处，抽查经观察测定的最大偏差。

8. 相邻砖错缝——抽查经观察测定的最大偏差，尺量检查。

9. 灰缝厚度——卧砖墙，10 层砖累计，与皮数杆相比；面砖或花饰，抽查经观察测定的最大偏差。

10. 卧砖墙游丁走缝——吊线、尺量检查。

图 8.6.1 琉璃饰面影壁心

图 8.6.2 琉璃饰面砖塔

图 8.6.3 琉璃饰面九龙壁

## 八、琉璃饰面工程验收记录表

表 8-6-1

| 工程名称 | | | 分项工程名称 | | 验收部位 | |
|---|---|---|---|---|---|---|
| 施工单位 | | | | | 项目经理 | |
| 执行标准名称及编号 | | | | | 专业工长 | |
| 分包单位 | | | | | 施工班组长 | |

| 质量验收规范的规定、检验方法：观察检查、实测检查 | | | | 施工单位检查评定记录 | 监理（建设）单位验收记录 |
|---|---|---|---|---|---|
| 主控项目 | | 1 | 琉璃砖的规格、颜色、质量均应符合设计要求<br>　检验方法：观察检查，检查出厂合格证或试验报告 | | |
| | | 2 | 灰浆的品种及颜色必须符合设计要求，砌体灰浆必须密实饱满，砖墙水平灰缝的灰浆饱满度不得小于80％ | | |

| 一般项目 | 琉璃饰面包括琉璃墙面以及琉璃砖檐、梢子、博风、须弥座、面砖、挂檐等 | 组砌方式、饰面的艺术形式、砖的出檐尺寸及排列形式等符合设计要求或与古建常规做法无明显差别 |||||||||||||
|---|---|---|---|---|---|---|---|---|---|---|---|---|---|---|---|
| | | 砌体内外搭砌良好，连接件的设置符合设计要求，填馅饱满 |||||||||||||
| | | 表面整洁，釉面无明显残损，花饰图案拼接处无明显错缝，灰缝密实，宽度及深浅均匀 |||||||||||||
| | | 项　目 ||| 允许偏差<br>（mm） | 实测值（mm） ||||||||||合格率<br>（％） |
| | | | | | | 1 | 2 | 3 | 4 | 5 | 6 | 7 | 8 | 9 | 10 | |
| | | 1 | 轴线位移 ||| ±5 | | | | | | | | | | | |
| | | 2 | 顶面标高 ||| ±10 | | | | | | | | | | | |
| | | 3 | 垂直度 | 要求"收分"的外墙 || ±5 | | | | | | | | | | | |
| | | | | 要求垂直的墙面 | 5m以下或每层高 | ±5 | | | | | | | | | | | |
| | | | | | 全高 | 10m以下 | 5 | | | | | | | | | | | |
| | | | | | | 10m以上 | 10 | | | | | | | | | | | |
| | | 4 | 墙面平整度 ||| 5 | | | | | | | | | | | |
| | | 5 | 水平灰缝平直度 | 2m以内 || 3 | | | | | | | | | | | |
| | | | | 2m以外 || 5 | | | | | | | | | | | |
| | | 6 | 面砖等拼装墙面的灰缝平直度 ||| 5 | | | | | | | | | | | |
| | | 7 | 相邻砖高低差<br>（只检查面砖或花饰砖墙面） ||| 3 | | | | | | | | | | | |
| | | 8 | 相邻砖错缝<br>（只检查面砖或花饰砖墙面） ||| 3 | | | | | | | | | | | |
| | | 9 | 灰缝厚度 | 卧墙砖<br>（每层砖8～10 mm） || ±8 | | | | | | | | | | | |
| | | | | 面砖或花饰<br>（厚3～4 mm） || ±1 | | | | | | | | | | | |
| | | 10 | 卧砖墙游丁走缝 | 2m以下或每层高 || 8 | | | | | | | | | | | |
| | | | | 5m以下或层高 || 15 | | | | | | | | | | | |

续表

| 主控项目 | |
|---|---|
| 一般项目 | |

施工单位检查评定结果

项目专业质量检查员：
项目专业质量（技术）负责人：

年　月　日

监理（建设）单位验收结论

监理工程师或建设单位项目技术负责人：

年　月　日

注：1. 饰面安装的允许偏差不包括琉璃制品本身的变形所造成的偏差。
　　2. 轴线位移不包括柱顶石掰升所造成的偏移。
　　3. 要求收分的墙面，如设计无规定，按 3/1000～7/1000 墙高收分。

# 第七节　砌石工程

一、砌石工程包括虎皮石（毛石）、方正石和小型条石（料石）砌体。台明、台阶、地面、墙体局限石活及栏板望柱等石作工程的质量检验和评定应按第四章石作工程的有关标准执行。

二、石料的质量、规格、品种必须符合设计要求。

检验方法：观察检查或检查试验报告。

三、砂浆品种必须符合设计要求，强度必须符合下列规定：

1. 同强度等级砂浆各组试块的平均强度不得低于设计强度值；

2. 任意一组试块的强度不得低于设计强度值的 75%。

检验方法：检查试块试验报告。

注：砂浆强度按单位工程内同品种、同强度等级砂浆为同一验收批。当单位工程中同品种、同强度等级砂浆按取样规定仅有一组试块时，其强度不小于设计强度值。

四、使用传统灰浆砌筑的，灰浆的品种及配合比必须符合设计要求或古建常规做法。

检验方法：观察检查。

五、砌体灰浆必须密实饱满。

检查数量：按批量检查，不少于一个检验批，每步架抽查不少于 3 处，抽查总数的 10%

检验方法：观察检查。

六、转角处必须同时砌筑，交接处不能同时砌筑时必须留斜槎。

检验方法：观察检查。

七、石砌体组砌形式应符合以下规定：

内外搭砌，上下错缝，拉结石、丁砌石交错设置；毛石墙拉结石每 0.7m² 墙面不少于 1 块；料石放置平稳，灰缝厚度符合施工规范规定。

检查数量：按批量检查，不少于一个检验批，外墙 4m 高以内，每 20m 抽查 1 处，每处 3m，不少于 2 处；内墙按有代表性的自然间抽查 10%，不少于 2 间，抽查总数的 10%。

检验方法：观察检查。

八、清水墙面外观应符合以下规定：

墙面整洁，勾缝严实，粘结牢固，料石墙面的灰缝应深浅均匀，虎皮石墙灰缝的形状、颜色等符合设计要求或古建常规做法。

检查数量：按批量检查，不少于一个检验批，外墙 4m 高以内，每 20m 抽查 1 处，每处 3m，不少于 2 处；内墙按有代表性的自然间抽查 10%，不少于 2 间，抽查总数的 10%。

检验方法：观察检查。

九、石砌体的允许偏差和检验方法应符合以下规定：

检查数量：按批量检查，不少于一个检验批，外墙 4m 高以内，每 20m 抽查 1 处，每处 3m，不少于 2 处；内墙按有代表性的自然间抽查 10%，不少于 2 间，抽查总数的 10%。

石砌体的允许偏差和检验方法：

1. 轴线位移——与图纸尺寸相比较，用经纬仪或拉线、尺量检查。

2. 顶面标高——水准仪或拉线、尺量检查。设计无标高要求的，检查四角或两端水平标高的偏差。

3. 墙体厚度——尺量检查。

4. 要求垂直墙面——使用经纬仪或吊线、尺量检查。

5. 墙面平整度——细石料用 2m 靠尺和楔形塞尺检查，其他用 2m 直尺靠墙，尺间拉 2m 线尺量检查。

6. 水平灰缝平直度——拉 5m 线尺量检查。

### 十、砌石工程验收记录表

**表 8-7-1**

| 工程名称 | | 分项工程名称 | | 验收部位 | |
|---|---|---|---|---|---|
| 施工单位 | | | | 项目经理 | |
| 执行标准名称及编号 | | | | 专业工长 | |
| 分包单位 | | | | 施工班组长 | |

| 质量验收规范的规定、检验方法：观察检查、实测检查 | | | 施工单位检查评定记录 | 监理（建设）单位验收记录 |
|---|---|---|---|---|

**主控项目**

| 序号 | 内容 |
|---|---|
| 1 | 石料的质量、规格、品种必须符合设计要求 检验方法：观察检查或检查试验报告 |
| 2 | 砂浆品种必须符合设计要求，强度必须符合评定规定 |
| 3 | 使用传统灰浆砌筑的，灰浆的品种及配合比必须符合设计要求或古建常规做法。砌体灰浆必须密实饱满 |
| 4 | 转角处必须同时砌筑，交接处不能同时砌筑时必须留斜槎 |

**一般项目（砌石工程）**

内外搭砌，上下错缝，拉结石、丁砌石交错设置；毛石墙拉结石每 0.7m² 墙面不少于 1 块；料石放置平稳，灰缝厚度符合施工规范规定。墙面整洁，勾缝严实，粘结牢固，料石墙面的灰缝应深浅均匀，虎皮石墙灰缝的形状、颜色等符合设计要求或古建常规做法

| 序号 | 项目 | | 允许偏差（mm） | | | | | 实测值（mm） | | | | | | | | | | 合格率（%） |
|---|---|---|---|---|---|---|---|---|---|---|---|---|---|---|---|---|---|---|
| | | | 虎皮墙 | | 粗料石 | | 细料石 | 1 | 2 | 3 | 4 | 5 | 6 | 7 | 8 | 9 | 10 | |
| | | | 基础 | 墙 | 方正石 基础 | 条石 墙 | 方正石 条石 | | | | | | | | | | | |
| 1 | 轴线位移 | | 20 | 15 | 15 | 10 | 10 | | | | | | | | | | | |
| 2 | 顶面标高 | | ±25 | ±15 | ±15 | ±15 | ±10 | | | | | | | | | | | |
| 3 | 墙体厚度 | | +30 | +30 | +15 | +10 | +10 | | | | | | | | | | | |
| | | | 0 | —10 | 0 | —5 | —5 | | | | | | | | | | | |
| 4 | 垂直度 | 要求"收分"的外墙 | ±5 | | ±5 | | ±5 | | | | | | | | | | | |
| | | 要求垂直的墙面 5m 以下或每层高 | 20 | | 10 | | 7 | | | | | | | | | | | |
| | | 全高 10m 以下 | 30 | | 20 | | 20 | | | | | | | | | | | |
| 5 | 墙面平整度 | 清水墙 | 20 | | 10 | | 7 | | | | | | | | | | | |
| | | 混水墙 | 20 | | 15 | | | | | | | | | | | | | |
| 6 | 水平灰缝平直度 | | | | 5 | | 3 | | | | | | | | | | | |

| 施工单位检查评定结果 | 主控项目 | |
|---|---|---|
| | 一般项目 | |
| | 项目专业质量检查员： 项目专业质量（技术）负责人： 年　月　日 | |

| 监理（建设）单位验收结论 | 监理工程师或建设单位项目技术负责人： 年　月　日 |
|---|---|

注：1. 轴线位移不包括柱顶石掰升所造成的偏移。

2. 要求收分的墙面，如设计无规定，按 3/1000～7/1000 墙高收分。

# 第八节 摆砌花瓦工程

一、摆砌花瓦包括花瓦墙帽、花墙子、花瓦脊中的花瓦摆砌。

检查数量：按批量检查，不少于一个检验批，每10m抽查1处，不少于2处，抽查总数的10%。

二、图案必须符合设计要求。

检验方法：观察检查。

三、砌筑必须牢固。

检验方法：观察检查，用手推碰。

四、花瓦的外观应符合以下规定：

图案线条较准确，无粗糙感，表面无"野灰"和刷浆不匀等不洁现象。

检验方法：观察检查。

五、摆砌花瓦的允许偏差和检验方法应符合表中规定。

1. 表面平整度——用2米靠尺，尺量检查。

2. 灰缝平直度——拉3米线，尺量检查。

3. 相邻瓦进出错缝——用短平尺贴于高出的瓦表面，楔形塞尺检查两瓦相邻处。

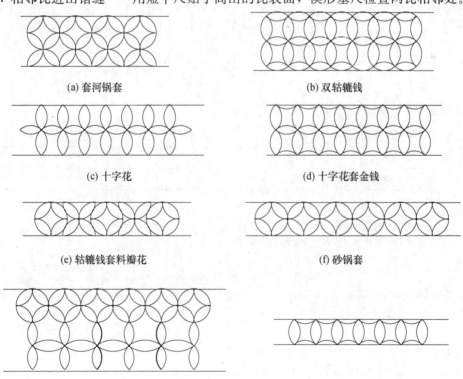

(a) 套河锅套      (b) 双轱辘钱

(c) 十字花      (d) 十字花套金钱

(e) 轱辘钱套料瓣花      (f) 砂锅套

(g) 十字花顶轱辘钱      (h) 竹节

图 8.8.1 摆砌花瓦

## 六、摆砌花瓦工程验收记录表

表 8-8-1

| 工程名称 | | | 分项工程名称 | | 验收部位 | |
|---|---|---|---|---|---|---|
| 施工单位 | | | | | 项目经理 | |
| 执行标准名称及编号 | | | | | 专业工长 | |
| 分包单位 | | | | | 施工班组长 | |

| 质量验收规范的规定、检验方法：观察检查、实测检查 | | | | 施工单位检查评定记录 | 监理（建设）单位验收记录 |
|---|---|---|---|---|---|

<table>
<tr><td rowspan="3">主控项目</td><td rowspan="10">摆砌花瓦包括花瓦墙帽、花墙子、花瓦脊中的花瓦摆砌</td><td>1</td><td colspan="12">图案必须符合设计要求</td><td></td><td></td></tr>
<tr><td>2</td><td colspan="12">砌筑必须牢固</td><td></td><td></td></tr>
<tr><td>3</td><td colspan="12">使用传统灰浆砌筑的，灰浆的品种及配合比必须符合设计要求或古建常规做法。砌体灰浆必须密实饱满</td><td></td><td></td></tr>
<tr><td rowspan="7">一般项目</td><td colspan="14">图案线条较准确，无粗糙感，表面无"野灰"和刷浆不匀等不洁现象。图案线条准确、美观，表面洁净</td></tr>
<tr><td rowspan="2">序号</td><td rowspan="2" colspan="2">项目</td><td colspan="2">允许偏差（mm）</td><td colspan="10">实测值（mm）</td><td rowspan="2">合格率（％）</td></tr>
<tr><td>细摆（磨头、磨面）</td><td>粗摆</td><td>1</td><td>2</td><td>3</td><td>4</td><td>5</td><td>6</td><td>7</td><td>8</td><td>9</td><td>10</td></tr>
<tr><td>1</td><td colspan="2">表面平整度</td><td>8</td><td>15</td><td></td><td></td><td></td><td></td><td></td><td></td><td></td><td></td><td></td><td></td><td></td></tr>
<tr><td rowspan="2">2</td><td rowspan="2">灰缝平直度</td><td>2mm</td><td>5</td><td>8</td><td></td><td></td><td></td><td></td><td></td><td></td><td></td><td></td><td></td><td></td><td></td></tr>
<tr><td>2 mm</td><td>10</td><td>15</td><td></td><td></td><td></td><td></td><td></td><td></td><td></td><td></td><td></td><td></td><td></td></tr>
<tr><td>3</td><td colspan="2">相邻瓦进出错缝</td><td>1</td><td>2</td><td></td><td></td><td></td><td></td><td></td><td></td><td></td><td></td><td></td><td></td><td></td></tr>
</table>

| | 主控项目 | |
|---|---|---|
| | 一般项目 | |

| 施工单位检查评定结果 | 项目专业质量检查员：<br>项目专业质量（技术）负责人：<br><br>年　　月　　日 |
|---|---|
| 监理（建设）单位验收结论 | 监理工程师或建设单位项目技术负责人：<br><br>年　　月　　日 |

# 第九节 墙帽工程

一、墙帽工程包括砖砌或抹灰墙帽。花瓦墙帽应按本章第八节摆砌花瓦的质量检验标准执行；瓦顶作法的墙帽应符合本标准第九章屋面工程的有关规定。

二、砌体灰浆必须密实饱满。

检查数量：按批量检查，不少于一个检验批，每20m抽查1处，但不少于2处。抽查总数的10%。

检验方法：观察检查。

三、墙帽的尺度及艺术形式必须符合设计要求或古建常规做法。

检验方法：观察检查。

四、墙帽抹灰不得裂缝、爆灰、空鼓。

检查数量：按批量检查，不少于一个检验批，每20m抽查1处，但不少于2处。抽查总数的10%。

检验方法：观察、敲击检查。

五．墙帽表面应符合以下规定：

1. 砖砌墙帽：表面整洁、平整，灰缝严实、宽度均匀。

2. 抹灰墙帽：面层光顺，浆色均匀，无起泡、翘边、赶轧不实等粗糙现象。

检查数量：按批量检查，不少于一个检验批，每10m抽查1处，不少于2处，抽查总数的10%。

检验方法：观察检查。

六、墙帽的允许偏差和检验方法应符合表中规定。

检查数量：不少于一个检验批，每10m抽查1处，不应少于2处。

1. 表面平整度——用2m靠尺水平向贴于墙帽表面，尺量检查。

2. 顶部灰缝平直度——拉2m线，尺量检查；拉5m线，尺量检查。

3. 相邻砖高低差——用短平尺贴于高出的砖表面，楔形塞尺检查两砖相邻处。

4. 灰缝宽度——抽查经观测测定的最大灰缝，尺量检查。

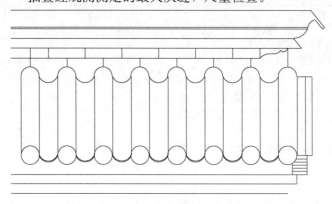

图 8.8.1 墙帽

## 七、墙帽工程验收记录表

表 8-9-1

<table>
<tr><td>工程名称</td><td></td><td colspan="2">分项工程名称</td><td></td><td>验收部位</td><td></td></tr>
<tr><td>施工单位</td><td></td><td colspan="3"></td><td>项目经理</td><td></td></tr>
<tr><td>执行标准名称及编号</td><td></td><td colspan="3"></td><td>专业工长</td><td></td></tr>
<tr><td>分包单位</td><td></td><td colspan="3"></td><td>施工班组长</td><td></td></tr>
<tr><td colspan="6">质量验收规范的规定、检验方法：观察检查、实测检查</td><td>施工单位检查评定记录</td><td>监理（建设）单位验收记录</td></tr>
</table>

<table>
<tr><td rowspan="5">主控项目</td><td></td><td>1</td><td colspan="5">图案必须符合设计要求</td><td></td><td></td></tr>
<tr><td></td><td>2</td><td colspan="5">砌筑必须牢固</td><td></td><td></td></tr>
<tr><td></td><td>3</td><td colspan="5">使用传统灰浆砌筑的，灰浆的品种及配合比必须符合设计要求或古建常规做法。砌体灰浆必须密实饱满</td><td></td><td></td></tr>
<tr><td></td><td>4</td><td colspan="5">墙帽的尺度及艺术形式必须符合设计要求或古建常规做法</td><td></td><td></td></tr>
<tr><td></td><td>5</td><td colspan="5">墙帽抹灰不得裂缝、爆灰、空鼓</td><td></td><td></td></tr>
</table>

墙帽工程包括砖砌或抹灰墙帽、花瓦墙帽

一般项目

表面整洁、平整，灰缝严实，宽度均匀
面层光顺，浆色均匀，无起泡、翘边、赶轧不实等粗糙现象

| 序号 | 项目 | | 允许偏差（mm） | | 实测值（mm） | | | | | | | | | | 合格率（%） |
|---|---|---|---|---|---|---|---|---|---|---|---|---|---|---|---|
| | | | 抹灰墙帽 | 砖砌墙帽 | 1 | 2 | 3 | 4 | 5 | 6 | 7 | 8 | 9 | 10 | |
| 1 | 表面平整度 | | 10 | 6 | | | | | | | | | | | |
| 2 | 顶部灰缝平直度 | 2 mm | 5 | 3 | | | | | | | | | | | |
| | | 2 mm | 7 | 4 | | | | | | | | | | | |
| 3 | 相邻砖高低差 | | | 3 | | | | | | | | | | | |
| 4 | 灰缝宽度 | 月白灰（宽 4~6 mm） | — | 2 | | | | | | | | | | | |
| | | 砂浆勾缝（宽 8~10 mm） | — | 2 | | | | | | | | | | | |

| 施工单位检查评定结果 | 主控项目 | |
|---|---|---|
| | 一般项目 | |
| | 项目专业质量检查员：<br>项目专业质量（技术）负责人：<br><br>年　月　日 | |
| 监理（建设）单位验收结论 | 监理工程师或建设单位项目技术负责人：<br><br>年　月　日 | |

# 第十节 墙体局部维修

一、本节包括各种墙体的局部维修。整段墙全部拆砌者，按新标准执行；墙体局部维修工程中与新做项目相同的部分，应另按新做项目执行。

检查数量：按批量检查，不少于一个检验批，按有代表性的墙面抽查10％；不同修缮方法的，每种做法不少于1处，抽查总数的10％。

二、新旧墙不得直槎砌筑，接槎必须密实、顺直。新旧墙里、外皮必须拉结牢固，内外墙体必须结合牢固。

三、择砌墙和掏洞口，上部接槎必须填塞密实，不得有空虚和裂缝。

检验方法：观察检查。

四、墩接柱子必须符合以下规定：

1. 墩接的高度，明柱不超过桩高的1/5，暗柱不超过柱高的1/4。

2. 砖墩接或石墩接，砂浆必须饱满，配比必须符合设计要求，灰缝厚度不应超过8mm，与柱根交接处必须顶实塞严。

3. 钢筋混凝土墩接，混凝土强度等级不应低于C20，混凝土宽度应大于原柱径200mm，预留的钢板或角钢长度不应小于400mm，预留铁件必须与柱子连接牢固。

检验方法：观察、尺量，检查施工记录。

五、掏挖门窗洞、过梁搭墙长度：整砖墙不小于120mm，碎砖墙不小于180mm。

六、经维修的清水墙面，其外观效果应与原有墙面无明显差别。

七、打点刷浆的墙面应符合以下规定：

墙面整洁，无明显残破现象；勾抹的灰无明显突出墙面现象，无翘边、空鼓及赶轧粗糙等现象；浆色均匀，无漏刷和起皮现象。

八、墙体局部维修的允许偏差和检验方法应符合表中规定。

1. 新旧墙面接槎进出错缝——用短平尺贴于高出的墙面，楔形塞尺检查相邻处。

2. 新旧墙面接槎砖上下错缝——用尺量，抽查经观察测定的最大偏差处。

3. 新旧墙面接槎砖砖缝直顺度——顺原有墙面的砖棱拉直线或曲线，在延长线100mm处尺量其偏差。

九、墙体局部维修验收记录表

表 8-10-1

| 工程名称 | | 分项工程名称 | | 验收部位 | |
|---|---|---|---|---|---|
| 施工单位 | | | | 项目经理 | |
| 执行标准名称及编号 | | | | 专业工长 | |
| 分包单位 | | | | 施工班组长 | |
| 质量验收规范的规定、检验方法：观察检查、实测检查 | | | 施工单位检查评定记录 | 监理（建设）单位验收记录 | |

续表

| | 序号 | | | | | | | | | | | | | | | |
|---|---|---|---|---|---|---|---|---|---|---|---|---|---|---|---|---|
| 主控项目 | 本节包括各种墙体的局部维修。整段墙全部拆砌者，按新标准执行；墙体局部维修工程中与新做项目相同的部分，应另按新做项目执行 | 1 | 新旧墙不得直槎砌筑，接槎必须密实、顺直。新旧墙里、外皮必须拉结牢固，内外墙体必须结合牢固 | | | | | | | | | | | | | |
| | | 2 | 择砌墙和掏洞口，上部接槎必须填塞密实，不得有空虚和裂缝 | | | | | | | | | | | | | |
| | | 3 | 墩接柱子必须符合以下规定：<br>1. 墩接的高度，明柱不超过柱高的1/5。暗柱不超过柱高的1/4<br>2. 砖墩接或石墩接，砂浆必须饱满，配比必须符合设计要求；灰缝厚度不应超过8mm，与柱根交接处必须顶实塞严<br>3. 钢筋混凝土墩接，混凝土强度等级不应低于C20，混凝土宽度应大于原柱径200mm，预留的钢板或角钢长度不应小于400mm，预留铁件必须与柱子连接牢固 | | | | | | | | | | | | | |
| | | 4 | 掏挖门窗洞，过梁搭墙长度：整砖墙不小于120mm，碎砖墙不小于180mm | | | | | | | | | | | | | |

经维修的清水墙面，其外观效果应与原有墙面无明显差别

打点刷浆的墙面应符合以下规定：

墙面整洁，无明显残破现象；勾抹的灰无明显凸出墙面现象，无翘边、空鼓及赶轧粗糙等现象；浆色均匀，无漏刷和起皮现象

| | | 序号 | 项　　目 | 允许偏差（mm） | | | 实测值（mm） | | | | | | | | | | 合格率（%） |
|---|---|---|---|---|---|---|---|---|---|---|---|---|---|---|---|---|---|
| 一般项目 | 墙帽工程包括砖砌或抹灰墙帽、花瓦墙帽 | | | 干摆、丝缝墙 | 淌白糙砖墙 | 碎砖墙 | 1 | 2 | 3 | 4 | 5 | 6 | 7 | 8 | 9 | 10 | |
| | | 1 | 新旧墙面接槎进出错缝 | 1 | 2 | 3 | | | | | | | | | | | |
| | | 2 | 新旧墙面接槎砖上下错缝 | 1 | 2 | | | | | | | | | | | | |
| | | 3 | 新旧墙面接槎砖砖缝直顺度 | 2 | 3 | | | | | | | | | | | | |

| 施工单位检查评定结果 | 主控项目 | |
|---|---|---|
| | 一般项目 | |
| | 项目专业质量检查员：<br>项目专业质量（技术）负责人：<br><br>　　　　　　　　　　　　　　　年　　月　　日 | |

| 监理（建设）单位验收结论 | 监理工程师或建设单位项目技术负责人：<br><br>　　　　　　　　　　　　　　　年　　月　　日 |
|---|---|

# 第九章  屋面工程

屋面工程包括屋面木基层以上的垫层、瓦面及屋脊。

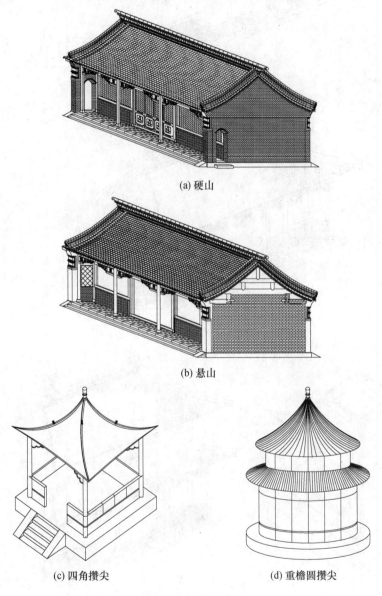

(a) 硬山

(b) 悬山

(c) 四角攒尖

(d) 重檐圆攒尖

图 9.1.1　屋面及屋脊类型（一）

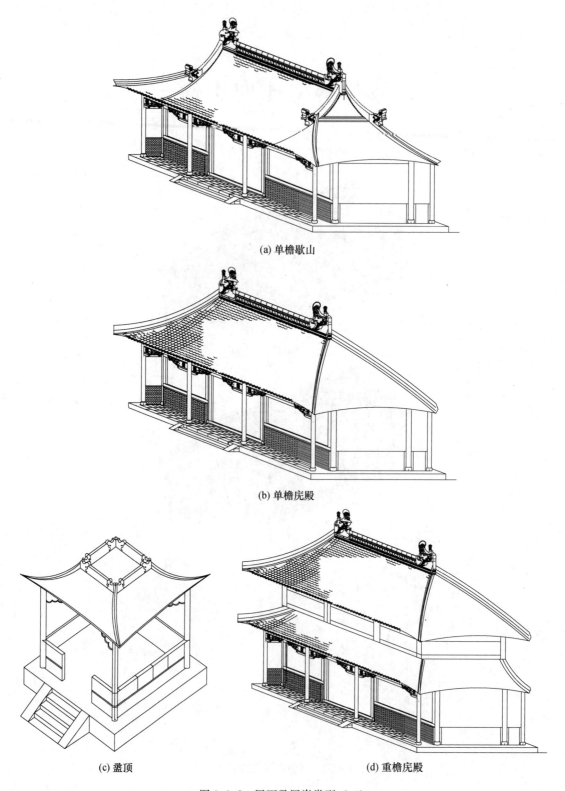

(a) 单檐歇山

(b) 单檐庑殿

(c) 盝顶

(d) 重檐庑殿

图 9.1.2　屋面及屋脊类型（二）

# 第一节　琉璃屋面工程

一、本节包括各种琉璃屋面工程，削割瓦即琉璃坯不施釉的屋面也可参照执行。

检查数量：按批量检查，不少于一个检验批。屋面面积每 100m² 抽查 1 处，不应少于 2 处，抽查总数的 10%。

检验方法：观察检查，检查出厂合格证或试验报告。

二、屋面严禁出现漏水现象。

三、瓦的规格、品种、质量等必须符合设计要求。

四、屋面不得有破碎瓦，底瓦不得有裂缝隐残，底瓦的搭接密度必须符合设计要求或古建常规做法，瓦垄必须笼罩。

五、泥背、灰背、焦渣背等苫背垫层的材料品种、质量、配比及分层做法等必须符合设计要求或古建常规做法，苫背垫层必须坚实，不得有明显开裂。

六、瓦灰泥或砂浆的材料品种、质量、配比等必须符合设计要求或古建常规做法。

七、屋脊的位置、造型、尺度及分层做法必须符合设计要求或古建常规做法，瓦垄必须伸进屋脊内。

八、屋脊之间或屋脊与山花板、围脊板等交接部位必须严实，严禁出现裂缝、存水现象。

九、瓦垄应符合以下规定：

合格：分中号垄正确，瓦垄基本直顺，屋面曲线适宜。

十、钉瓦口应符合以下规定：

合格：安装牢固，接缝无明显错缝及缝隙，退雀台（连檐上退进的部分）均匀。

十一、瓦应符合以下规定：

合格：底瓦无明显偏歪，底瓦间缝隙不应过大；檐头底瓦无坡度过缓现象；瓦灰泥饱满。

十二、捉节夹垄应符合以下规定：

合格：瓦翅子应背严实，捉节饱满，夹垄坚实，无裂缝、翘边等现象。

十三、屋面外观应符合以下规定：

合格：瓦面和屋脊整洁，釉面灰尘擦净。

十四、屋脊应符合以下规定：

合格：屋脊牢固平稳，整体连接好，填馅饱满，吻兽、小跑及其他附件安装的位置正确，摆放正、稳。

十五、琉璃屋面的允许偏差和检验方法应符合以下规定：

1. 泥背层厚——与设计要求或本表各项规定值对照，尺量检查，抽查 3 点，取平均值；

2. 灰背层厚——与设计要求或本表各项规定值对照，尺量检查，抽查 3 点，取平均值；

3. 焦背层厚——与设计要求或本表各项规定值对照，尺量检查，抽查 3 点，取平均值；

4. 底瓦泥厚——与设计要求或本表各项规定值对照，尺量检查，抽查 3 点，取平均值；

5. 睁眼高度（底瓦翘至底瓦的高度）——与设计要求或本表各项规定值对照，用尺量检查，抽查 3 点，取平均值；

6. 当沟灰缝——与设计要求或本表各项规定值对照，尺量检查，抽查 3 点，取平均值；

7. 瓦垄直顺度——拉 2m 线，尺量检查；

8. 走水当均匀度——尺量检查相邻三垄瓦及每垄上、下部；

9. 瓦面平整度——用 2m 靠尺横搭于瓦面，尺量盖瓦跳垄程度，檐头中腰、上腰各抽查一点；

10. 正脊、围脊、博脊平整度——3m 以内拉通线，3m 以外拉 5m 线，尺量检查；

11. 垂脊、岔脊、角脊直顺度——3m 以内拉通线，3m 以外拉 5m 线，尺量检查；

12. 滴水瓦出檐直顺度——拉 3m 线，3m 以外拉 5m 线，尺量检查。

十六、琉璃屋面工程验收记录表

表 9-1-1

| 工程名称 | | | 分项工程名称 | | 验收部位 | |
|---|---|---|---|---|---|---|
| 施工单位 | | | | | 项目经理 | |
| 执行标准名称及编号 | | | | | 专业工长 | |
| 分包单位 | | | | | 施工班组长 | |
| 质量验收规范的规定、检验方法：观察检查、实测检查 | | | | | 施工单位检查评定记录 | 监理（建设）单位验收记录 |
| 主控项目 | 包括各种琉璃屋面工程，削割瓦即琉璃坯不施釉的屋面也可参照执行 | 1 | 屋面严禁出现漏水现象 | | | |
| | | 2 | 瓦的规格、品种、质量等必须符合设计要求 | | | |
| | | 3 | 屋面不得有破碎瓦，底瓦不得有裂缝隐残；底瓦的搭接密度必须符合设计要求或古建常规做法；瓦垄必须笼罩 | | | |
| | | 4 | 泥背、灰背、焦渣背等苫背垫层的材料品种、质量、配比及分层做法等必须符合设计要求或古建常规做法，苫背垫层必须坚实，不得有明显开裂 | | | |
| | | 5 | 瓦灰泥或砂浆的材料品种、质量、配比等必须符合设计要求或古建常规做法 | | | |
| | | 6 | 屋脊的位置、造型、尺度及分层做法必须符合设计要求或古建常规做法，瓦垄必须伸进屋脊内 | | | |
| | | 7 | 屋脊之间或屋脊与山花板、围脊板等交接部位必须严实，严禁出现裂缝、存水现象 | | | |

| 一般项目 | 包括各种琉璃屋面工程，削割瓦即琉璃坯，不施釉的屋面也可参照执行 | | | | | | | | | | | | | | | |
|---|---|---|---|---|---|---|---|---|---|---|---|---|---|---|---|---|

1. 瓦垄应符合以下规定：分中号垄正确，瓦垄基本直顺，屋面曲线适宜

2. 钉瓦口规定：安装牢固，接缝无明显错缝及缝隙，退雀台（连檐上退进的部分）均匀

3. 瓦应符合以下规定：底瓦无明显偏歪，底瓦间缝隙不应过大；檐头底瓦无坡度过缓现象；瓦灰泥饱满

4. 捉节夹垄规定：瓦翅子应背严实，捉节饱满，夹垄坚实，无裂缝、翘边等现象

5. 屋面外观应符合以下规定：瓦面和屋脊整洁，釉面无灰尘

6. 屋脊应符合以下规定：屋脊牢固平稳，整体连接好，填馅饱满，吻兽、小跑及其他附件安装的位置正确，摆放正、稳

| 序号 | 项目 | 允许偏差（mm） | | 实测值（mm） | | | | | | | | | | 合格率（%） |
|---|---|---|---|---|---|---|---|---|---|---|---|---|---|---|
| | | | | 1 | 2 | 3 | 4 | 5 | 6 | 7 | 8 | 9 | 10 | |
| 1 | 泥背每层厚50mm | ±10 | | | | | | | | | | | | |
| 2 | 灰背每层厚30mm | +5 | −10 | | | | | | | | | | | |
| 3 | 焦背每层厚50mm | +10 | −20 | | | | | | | | | | | |
| 4 | 底瓦泥厚40mm | ±10 | | | | | | | | | | | | |
| 5 | 睁眼高度（底瓦翘至底瓦的高度） | 5样以上高40mm | +10 | −5 | | | | | | | | | | |
| | | 6～7样以上高30mm | +10 | −5 | | | | | | | | | | |
| | | 8～9样以上20mm | +10 | −5 | | | | | | | | | | |
| 6 | 当沟灰缝 | 8 | +7 | −4 | | | | | | | | | | |
| 7 | 瓦垄直顺度 | 8 | | | | | | | | | | | | |
| 8 | 走水当均匀度 | 4样以上 | 16 | | | | | | | | | | | |
| | | 5～6样 | 12 | | | | | | | | | | | |
| | | 7～9样 | 10 | | | | | | | | | | | |
| 9 | 瓦面平整度 | 25 | | | | | | | | | | | | |
| 10 | 正脊、围脊、博脊平整度 | 3m以内、3m以外 | 15 | 20 | | | | | | | | | | |
| 11 | 垂脊、岔脊、角脊直顺度 | 2m以内、2m以外 | 10 | 15 | | | | | | | | | | |
| 12 | 滴水瓦出檐直顺度 | 10 | | | | | | | | | | | | |

| 施工单位检查评定结果 | 主控项目 | |
|---|---|---|
| | 一般项目 | |
| | 项目专业质量检查员：<br>项目专业质量（技术）负责人：<br><br>　　　　　　　　　　　　年　　月　　日 | |

| 监理（建设）单位验收结论 | 监理工程师或建设单位项目技术负责人：<br><br>　　　　　　　　　　　　年　　月　　日 |
|---|---|

# 第二节　筒瓦屋面工程

一、本节包括各种筒瓦屋面工程，仰瓦灰梗屋面工程也可参照执行。

检查数量：按批量检查，不少于一个检验批，按屋面面积每 100m² 检查 1 处，不少于 2 处，抽查总数的 10%。

检验方法：观察检查。

二、屋面严禁出现漏水现象。

三、瓦的规格、品种、质量等必须符合设计要求。

四、屋面不得有破碎瓦，底瓦不得有裂缝隐残；底瓦必须粘浆；底瓦的搭接密度必须符合设计要求或古建常规做法；瓦垄必须笼罩，底瓦伸进筒瓦的部分，每侧不小于筒瓦的 1/3。

五、泥背、灰背、焦渣背等苫背垫层的材料品种、质量、配比及分层做法等必须符合设计要求或古建常规做法；苫背垫层必须坚实，不得有明显开裂。

六、瓦灰泥或砂浆的材料品种、质量、配比等必须符合设计要求或古建常规做法。

七、裹垄灰及夹垄灰不得出现爆灰、断节、空鼓、明显裂缝等现象。

八、屋脊的位置、造型、尺度及分层做法必须符合设计要求或古建常规做法，瓦垄必须伸进屋脊内。

九、屋脊之间或屋脊与山花板、围脊板等交接部位必须严实，严禁出现裂缝、存水现象。

十、瓦垄应符合以下规定：分中号垄正确，瓦垄基本直顺，屋面曲线适宜。

十一、瓦应符合以下规定：

底瓦无明显偏歪，底瓦间缝隙不应过大，檐头底瓦无坡度过缓现象，勾抹瓦脸严实，瓦灰泥饱满严实。

十二、捉节夹垄应符合以下规定：瓦翅应背严实，捉节严实，夹垄坚实，下脚整洁，无裂缝、翘边等现象。

十三、裹垄应符合以下规定：

裹垄灰与基层粘结牢固，表面无起泡、翘边、裂缝、明显露麻等现象，下脚平顺，无野灰。

十四、屋面外观应符合以下规定：

屋面整洁，浆色均匀，檐头及楣子、当沟刷烟子浆宽度均匀。

十五、堵抹"燕窝"（软瓦口）应符合以下规定：严实、平顺。

十六、屋脊应符合以下规定：

砌筑牢固平稳，整体性好，胎子砖灰浆饱满，吻兽、狮马及其他附件安装的位置正确，摆放正、稳。

十七、筒瓦屋面的允许偏差和检验方法应符合如下规定：

1. 泥背每层厚——与设计要求或本表各项规定值对照，尺量检查，抽查3点，取平均值；

2. 灰背每层厚——与设计要求或本表各项规定值对照，尺量检查，抽查 3 点，取平均值；

3. 焦背每层厚——与设计要求或本表各项规定值对照，尺量检查，抽查 3 点，取平均值；

4. 底瓦泥厚——与设计要求或本表各项规定值对照，尺量检查，抽查 3 点，取平均值；

5. 睁眼高度（底瓦翘至底瓦的高度）——与设计要求或本表各项规定值对照，尺量检查，抽查 3 点，取平均值；

6. 当沟灰缝——与设计要求或本表各项规定值对照，尺量检查，抽查 3 点，取平均值；

7. 瓦垄直顺度——拉 2m 线，尺量检查；

8. 走水当均匀度——用尺量检查相邻三垄瓦及每垄上、下部；

9. 瓦面平整度—用 2m 靠尺横搭于瓦面，尺量盖瓦跳垄程度，檐头中腰、上腰各抽查一点；

10. 正脊、围脊、博脊平整度——3m 以内拉通线，3m 以外拉 5m 线，尺量检查；

11. 垂脊、岔脊、角脊直顺度——3m 以内拉通线，3m 以外拉 5m 线，尺量检查；

12. 滴水瓦出檐直顺度——拉 3m 线，3m 以外拉 5m 线，尺量检查。

十八、筒瓦屋面工程验收记录表

**表 9-2-1**

| 工程名称 | | | 分项工程名称 | | 验收部位 | |
|---|---|---|---|---|---|---|
| 施工单位 | | | | | 项目经理 | |
| 执行标准名称及编号 | | | | | 专业工长 | |
| 分包单位 | | | | | 施工班组长 | |
| 质量验收规范的规定、检验方法：观察检查、实测检查 | | | | | 施工单位检查评定记录 | 监理（建设）单位验收记录 |
| 主控项目 | 包括各种筒瓦屋面工程，仰瓦灰梗屋面工程也可参照执行 | 1 | 屋面严禁出现漏水现象 | | | |
| | | 2 | 瓦的规格、品种、质量等必须符合设计要求 | | | |
| | | 3 | 屋面不得有破碎瓦，底瓦不得有裂缝隐残；底瓦必须粘浆；底瓦的搭接密度必须符合设计要求或古建常规做法；瓦垄必须笼罩，底瓦伸进筒瓦的部分，每侧不小于筒瓦的 1/3 | | | |
| | | 4 | 泥背、灰背、焦渣背等苦背垫层的材料品种、质量、配比及分层做法等必须符合设计要求或古建常规做法；苦背垫层必须坚实，不得有明显开裂 | | | |
| | | 5 | 瓦灰泥或砂浆的材料品种、质量、配比等必须符合设计要求或古建常规做法 | | | |
| | | 6 | 裹垄灰及夹垄灰不得出现爆灰、断节、空鼓、明显裂缝等现象 | | | |

| 主控项目 | | 7 | 屋脊的位置、造型、尺度及分层做法必须符合设计要求或古建常规做法，瓦垄必须伸进屋脊内 | | | | | | | | | | | | |
|---|---|---|---|---|---|---|---|---|---|---|---|---|---|---|---|
| | | 8 | 屋脊之间或屋脊与山花板、围脊板等交接部位必须严实，严禁出现裂缝、存水现象 | | | | | | | | | | | | |

| 一般项目 | 包括各种筒瓦屋面工程，仰瓦灰梗屋面工程也可参照执行 | 1. 瓦垄应符合以下规定：分中号垄正确，瓦垄基本直顺，屋面曲线适宜 2. 瓦应符合以下规定：底瓦无明显偏歪，底瓦间缝隙不应过大，檐头底瓦无坡度过缓现象，勾抹瓦脸严实，瓦灰泥饱满严实 3. 捉节夹垄应符合以下规定：瓦翅应背严实，捉节严实，夹垄坚实，下脚整洁，无裂缝、翘边等现象 4. 裹垄应符合以下规定：裹垄灰与基层粘结牢固，无起泡、翘边、裂缝、露麻现象，坚实光亮，下脚平顺垂直、干净，无孔洞、野灰，外形美观 5. 屋面外观应符合以下规定：屋面整洁，浆色均匀，檐头及椽子、当沟刷烟子浆宽度均匀 6. 堵抹"燕窝"（软瓦口）应符合以下规定：严实、平顺 7. 屋脊应符合以下规定：砌筑牢固平稳，整体性好，胎子砖灰浆饱满，吻兽、狮马及其他附件安装的位置正确，摆放正、稳 |

| 序号 | 项目 | 允许偏差（mm） | | 实测值（mm） | | | | | | | | | | 合格率（%） |
|---|---|---|---|---|---|---|---|---|---|---|---|---|---|---|
| | | | | 1 | 2 | 3 | 4 | 5 | 6 | 7 | 8 | 9 | 10 | |
| 1 | 泥背每层厚 50mm | ±10 | | | | | | | | | | | | |
| 2 | 灰背每层厚 30mm | ＋5 | －10 | | | | | | | | | | | |
| 3 | 焦背每层厚 50mm | ＋10 | －20 | | | | | | | | | | | |
| 4 | 底瓦泥厚 40mm | ±10 | | | | | | | | | | | | |
| 5 | 睁眼高度（筒瓦至底瓦的高度） | 1-3 号瓦高 30mm | ＋10 －5 | | | | | | | | | | | |
| | | 10 号瓦高 30mm | ＋10 －5 | | | | | | | | | | | |
| 7 | 瓦垄直顺度 | 8 | | | | | | | | | | | | |
| 8 | 走水当均匀度 | 15 | | | | | | | | | | | | |
| 9 | 瓦面平整度 | 25 | | | | | | | | | | | | |
| 10 | 正脊、围脊、博脊平整度 | 3m 以内、3m 以外 | 15 20 | | | | | | | | | | | |
| 11 | 垂脊、岔脊、角脊直顺度 | 2m 以内、2m 以外 | 10 15 | | | | | | | | | | | |
| 12 | 滴水瓦出檐直顺度 | 10 | | | | | | | | | | | | |

| 施工单位检查评定结果 | 主控项目 | |
|---|---|---|
| | 一般项目 | |
| | 项目专业质量检查员： 项目专业质量（技术）负责人： 　　　　　　　　　　　　　　　年　　月　　日 | |

| 监理（建设）单位验收结论 | 监理工程师或建设单位项目技术负责人： 　　　　　　　　　　　　　　　年　　月　　日 |
|---|---|

# 第三节 合瓦屋面工程

一、本节包括各种合瓦（蝴蝶瓦或阴阳瓦）屋面工程，棋盘心做法可参照执行。

检查数量：按批量检查，不少于一个检验批，按屋面面积每100m²抽查1处，不少于2处，抽查总数的10%。

检验方法：观察检查。

二、屋面严禁出现漏水现象。

三、瓦的规格、品种、质量等必须符合设计要求。

四、屋面不得有破碎瓦，底瓦不得有裂纹隐残；底瓦的搭接密度必须符合设计要求或古建常规做法；底、盖瓦必须粘浆；瓦垄必须笼罩，底瓦伸进盖瓦的部分，每侧不大于盖瓦的1/3。

五、泥背、灰背、焦渣背等苫背垫层的材料品种、质量、配比及分层做法等必须符合设计要求或古建常规做法，苫背垫层必须坚实，不得有明显开裂。

六、瓦灰泥或砂浆的材料品种、质量、配比等必须符合设计要求或古建常规做法。

七、屋脊的位置、造型、尺度及分层做法必须符合设计要求或古建常规做法。

八、屋脊之间或层脊与山花板、围板等交接部位必须严实，不得有裂缝，不得存水。

九、瓦垄应符合以下规定：分中号垄正确，瓦垄基本直顺，屋面曲线适宜。

十、底、盖瓦应符合以下规定：

底瓦无明显偏歪，底瓦间缝隙不应过大，盖瓦应放平摆正，檐头底瓦无坡度过缓现象，勾抹瓦脸较严实，瓦灰泥饱满。

十一、夹腮灰应符合以下规定：

背瓦翅子严实，不裂不翘。夹腮赶轧光实，下脚平顺、干净，无裂缝、起泡、翘边等现象。

十二、屋面外观应符合以下规定：屋面整洁，浆色均匀。

十三、堵抹"燕窝"（软瓦口）应符合以下规定：严实、平顺。

十四、屋脊应符合以下规定：

砌筑牢稳，整体性好，胎子砖灰浆饱满，规矩盘子、平拷草等屋脊附件的位置应正确，摆放正、稳。

十五、合瓦屋面的允许偏差和检验方法应符合以下规定：

1. 泥背每层厚50m——与设计要求或本表各项规定值对照，尺量检查，抽查3点，取平均值；

2. 灰背每层厚30mm——与设计要求或本表各项规定值对照，尺量检查，抽查3点，取平均值；

3. 焦背每层厚50mm——与设计要求或本表各项规定值对照，尺量检查，抽查3点，取平均值；

4. 底瓦泥厚 40mm——与设计要求或本表各项规定值对照，尺量检查，抽查 3 点，取平均值；

5. 盖瓦翘上棱至底瓦高 70mm——与设计要求或本表各项规定值对照，尺量检查，抽查 3 点，取平均值；

6. 瓦垄直顺度——拉 2m 线，尺量检查；

7. 走水当均匀度——用尺量检查相邻的三垄瓦及每垄上下部；

8. 瓦面平整度——用 2m 靠尺横搭于瓦面，尺量盖瓦跳垄程度，檐头中腰、上腰各抽查一点；

9. 正脊、围脊、博脊平整度——3m 内拉通线，3m 以外拉 5m 线，尺量检查；

10. 垂脊、岔脊、角脊直顺度——2m 以内拉通线，2m 以外拉 3m 线，尺量检查；

11. 滴水瓦出檐直顺度——拉 5m 线，尺量检查。

十六、合瓦屋面工程验收记录表

表 9-3-1

| 工程名称 | | | 分项工程名称 | | 验收部位 | |
|---|---|---|---|---|---|---|
| 施工单位 | | | | | 项目经理 | |
| 执行标准名称及编号 | | | | | 专业工长 | |
| 分包单位 | | | | | 施工班组长 | |
| 质量验收规范的规定、检验方法：观察检查、实测检查 | | | | | 施工单位检查评定记录 | 监理（建设）单位验收记录 |
| 主控项目 | 本节包括各种合瓦（蝴蝶瓦或阴阳瓦）屋面工程，棋盘心做法可参照执行 | 1 | 屋面严禁出现漏水现象 | | | |
| | | 2 | 瓦的规格、品种、质量等必须符合设计要求 | | | |
| | | 3 | 屋面不得有破碎瓦，底瓦不得有裂缝隐残；底瓦必须粘浆；底瓦的搭接密度必须符合设计要求或古建常规做法；瓦垄必须笼罩，底瓦伸进筒瓦的部分，每侧不小于筒瓦的1/3 | | | |
| | | 4 | 泥背、灰背、焦渣背等苫背垫层的材料品种、质量、配比及分层做法等必须符合设计要求或古建常规做法；苫背垫层必须坚实，不得有明显开裂 | | | |
| | | 5 | 瓦瓦灰泥或砂浆的材料品种、质量、配比等必须符合设计要求或古建常规做法 | | | |
| | | 6 | 屋脊的位置、造型、尺度及分层做法必须符合设计要求或古建常规做法，瓦垄必须伸进屋脊内 | | | |
| | | 7 | 屋脊之间或屋脊与山花板、围脊板等交接部位，必须严实，严禁出现裂缝、存水现象 | | | |

| 一般项目 | 本节包括各种合瓦（蝴蝶瓦或阴阳瓦）屋面工程，棋盘心做法可参照执行 | 1. 瓦垄应符合以下规定：分中号垄正确，瓦垄基本直顺，屋面曲线适宜<br>2. 底、盖瓦应符合以下规定：底瓦无明显偏歪，底瓦间缝隙不应过大，盖瓦应放平摆正，檐头底瓦无坡度过缓现象，勾抹瓦脸较严实，瓦灰泥饱满<br>3. 夹腮灰应符合以下规定：背瓦翘子严实，不裂不翘。夹腮赶轧光实，下脚平顺、干净，无裂缝、起泡、翘边等现象<br>4. 屋面外观应符合以下规定：屋面整洁，浆色均匀<br>5. 堵抹"燕窝"（软瓦口）应符合以下规定：严实、平顺<br>6. 屋脊应符合以下规定：砌筑牢稳，整体性好，胎子砖灰浆饱满，规矩盘子、平抅草等屋脊附件的位置应正确，摆放正、稳 | | | | | | | | | | | | |

| | | 序号 | 项 目 | 允许偏差（mm） | | 实测值（mm） | | | | | | | | | | 合格率（%） |
|---|---|---|---|---|---|---|---|---|---|---|---|---|---|---|---|---|
| | | | | | | 1 | 2 | 3 | 4 | 5 | 6 | 7 | 8 | 9 | 10 | |
| | | 1 | 泥背每层厚 50mm | ±10 | | | | | | | | | | | | |
| | | 2 | 灰背每层厚 30mm | +5 | −10 | | | | | | | | | | | |
| | | 3 | 焦背每层厚 50mm | +10 | −20 | | | | | | | | | | | |
| | | 4 | 底瓦泥厚 40mm | ±10 | | | | | | | | | | | | |
| | | 5 | 盖瓦翘上棱至底瓦高 70 mm | +20 | −10 | | | | | | | | | | | |
| | | 6 | 瓦垄直顺度 | 8 | | | | | | | | | | | | |
| | | 7 | 走水当均匀度 | 15 | | | | | | | | | | | | |
| | | 8 | 瓦面平整度 | 25 | | | | | | | | | | | | |
| | | 9 | 正脊、围脊、博脊平整度 | 3m以内、3m以外 15 | 20 | | | | | | | | | | | |
| | | 10 | 垂脊、岔脊、角脊直顺度 | 2m以内、2m以外 10 | 15 | | | | | | | | | | | |
| | | 11 | 滴水瓦出檐直顺度 | 10 | | | | | | | | | | | | |

| 施工单位检查评定结果 | 主控项目 | |
|---|---|---|
| | 一般项目 | |
| | 项目专业质量检查员：<br>项目专业质量（技术）负责人：<br><br><br>　　　　　　　　　　　　年　　月　　日 | |

| 监理（建设）单位验收结论 | 监理工程师或建设单位项目技术负责人：<br><br><br><br>　　　　　　　　　　　　年　　月　　日 |
|---|---|

# 第四节　干槎瓦屋面工程

一、本节包括干槎瓦屋面和常见做法的屋脊（脊帽子），其他做法的屋脊应符合本章第二、三节的有关规定。

检查数量：按批量检查，不少于一个检验批，按屋面面积每 50m² 抽查 1 处，不少于 2 处，抽查总数的 10％。

检验方法：观察检查。

二、屋面严禁出现漏水现象。

三、屋面不得有破碎瓦，板瓦不得有裂纹隐残。

四、苫背垫层及瓦灰泥的材料和做法必须符合设计要求或古建常规做法；苫背必须坚实，不得有明显开裂；瓦泥必须饱满。

五、屋脊抹灰必须严实，严禁出现开裂现象。

六、瓦垄应符合以下规定：

编搭正确，搭肩均匀，不挤不架，瓦垄无明显歪斜、弯曲，缝隙均匀。

七、瓦应符合以下规定：

瓦无明显偏歪，底瓦间缝隙不应过大，檐头瓦无坡度过缓，瓦度无漏水现象。

八、檐头"捏嘴"应符合以下规定：

檐头"捏嘴"应光顺，不裂不翘，下脚整齐，浆色均匀。

九、堵抹燕窝应符合以下规定：严密、平顺。

十、屋面外观应符合以下规定：屋面整洁，浆色均匀。

十一、干槎瓦屋面的允许偏差和检验方法应符合以下规定：

1. 泥背每层厚 50mm——与设计要求或本表各项规定值对照，尺量检查，抽查 3 点，取平均值；

2. 瓦瓦泥厚 40mm——与设计要求或本表各项规定值对照，尺量检查，抽查 3 点，取平均值；

3. 同一垄内瓦的宽度差——相邻两块为一组，检查 5 组；

4. 瓦垄直顺度——拉 2m 线，尺量检查；

5. 瓦面平整度——用 2m 靠尺横搭于瓦面，尺量跳垄程度；檐头、中腰、上腰各抽查 1 点；

6. 正脊平整度 3m 以内、3m 以外——3m 以内拉通线，3m 以外拉 5m 线，尺量检查；

7. 瓦出檐直顺度——拉 3m 线，尺量检查。

## 十二、干槎瓦屋面工程验收记录表

表 9-4-1

| 工程名称 | | | | 分项工程名称 | | | 验收部位 | |
|---|---|---|---|---|---|---|---|---|
| 施工单位 | | | | | | | 项目经理 | |
| 执行标准名称及编号 | | | | | | | 专业工长 | |
| 分包单位 | | | | | | | 施工班组长 | |

| | | 质量验收规范的规定、检验方法：观察检查、实测检查 | | | | 施工单位检查评定记录 | 监理（建设）单位验收记录 |
|---|---|---|---|---|---|---|---|
| 主控项目 | | 1 | 屋面严禁出现漏水现象 | | | | |
| | | 2 | 瓦的规格、品种、质量等必须符合设计要求 | | | | |
| | | 3 | 屋面不得有破碎瓦，板瓦不得有裂纹隐残 | | | | |
| | | 4 | 苫背垫层及瓦灰泥的材料和做法必须符合设计要求或古建常规做法；苫背必须坚实，不得有明显开裂；瓦泥必须饱满 | | | | |
| | | 5 | 瓦瓦灰泥或砂浆的材料品种、质量、配比等必须符合设计要求或古建常规做法 | | | | |
| | | 6 | 屋脊抹灰必须严实，严禁出现开裂现象 | | | | |

一般项目 — 包括干槎瓦屋面和常见做法的屋脊（脊帽子），其他做法的屋脊应符合本章第二、三节的有关规定

　　1. 瓦垄应符合以下规定：编搭正确，搭肩均匀，不挤不架，瓦垄无明显歪斜、弯曲，缝隙均匀
　　2. 瓦应符合以下规定：瓦无明显偏歪，底瓦间缝隙不应过大，檐头瓦无坡度过缓，瓦度无漏水或尿檐现象
　　3. 檐头"捏嘴"应符合以下规定：檐头"捏嘴"应光顺，不裂不翘，下脚整齐干净，浆色均匀、美观
　　4. 堵抹燕窝应符合以下规定：严密、平顺、洁净
　　5. 屋面外观应符合以下规定：屋面整洁，浆色均匀，干净美观

| 序号 | 项目 | 允许偏差（mm） | | | 实测值（mm） | | | | | | | | | | 合格率（%） |
|---|---|---|---|---|---|---|---|---|---|---|---|---|---|---|---|
| | | | | | 1 | 2 | 3 | 4 | 5 | 6 | 7 | 8 | 9 | 10 | |
| 1 | 泥背每层厚 50mm | ±10 | | | | | | | | | | | | | |
| 2 | 瓦瓦泥厚 40mm | ±10 | | | | | | | | | | | | | |
| 3 | 同一垄内瓦的宽度差 | +2 | | | | | | | | | | | | | |
| 4 | 瓦垄直顺度 | | 8 | | | | | | | | | | | | |
| 5 | 瓦面平整度 | | | | | | | | | | | | | | |
| 6 | 正脊平整度 | 3m以内、3m以外 | 15 | | | | | | | | | | | | |
| 7 | 瓦出檐直顺度 | | 10 | 15 | | | | | | | | | | | |

| 施工单位检查评定结果 | 主控项目 | |
|---|---|---|
| | 一般项目 | |
| | 项目专业质量检查员：<br>项目专业质量（技术）负责人：<br>　　　　　　　　　　　　　　　　年　　月　　日 | |

| 监理（建设）单位验收结论 | 监理工程师或建设单位项目技术负责人：<br>　　　　　　　　　　　　　　　年　　月　　日 |
|---|---|

# 第五节　青灰背屋面工程

一、青灰背屋面工程包括平台、天沟、棋盘心等，不包括瓦面下的青灰背垫层。

检查数量：按批量检查，不少于一个检验批，屋面面积每 50m² 抽查 1 处，不少于 2 处。

检验方法　观察检查与泼水检查相结合。

二、屋面严禁出现漏水现象。

三、苫背的材料、做法必须符合设计要求或古建常规做法。

四、不得使用朽污变质的麻刀，面层苫背不得使用灰膏，必须使用泼浆灰。

五、灰背表面应无爆灰、开裂、空鼓、积水、酥碱和冻结现象。

六、灰背与墙体、砖檐、屋面等交接部位，应避免做成逆槎，灰背粘接必须牢固，不得翘边、开裂、挡水，灰背屋面的瓦檐，不得出现尿檐现象。

七、表面不得出现开裂，无麻刀团、露麻、起毛、起泡、水纹等粗糙现象，刷浆赶轧必须坚实，不得有过嫩虚软现象。

八、灰背表面应符合以下规定：

表面顺平，无局部存水现象，泛水能满足排水要求；沟嘴子附近无存水、挡水现象；灰背屋面的瓦檐出檐无明显不齐现象。

九、青灰背屋面的允许偏差和检验方法应符合以下规定：

1. 泥背每层厚 50mm——与设计要求或本表各项规定值对照，尺量检查，抽查 3 点，取平均值；

2. 灰背每层厚 30mm——与设计要求或本表各项规定值对照，尺量检查，抽查 3 点，取平均值；

3. 灰背平整度——用 2m 靠尺检查。

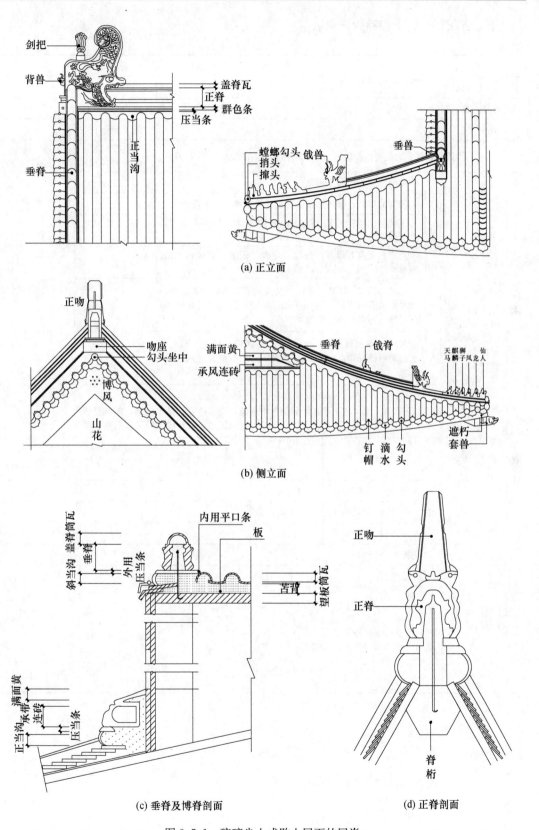

(a) 正立面

(b) 侧立面

(c) 垂脊及博脊剖面

(d) 正脊剖面

图 9.5.1 琉璃尖山式歇山屋面的屋脊

## 十、青灰背屋面工程验收记录表

表 9-5-1

| 工程名称 | | | 分项工程名称 | | 验收部位 | | |
|---|---|---|---|---|---|---|---|
| 施工单位 | | | | | 项目经理 | | |
| 执行标准名称及编号 | | | | | 专业工长 | | |
| 分包单位 | | | | | 施工班组长 | | |
| 质量验收规范的规定、检验方法：观察检查、实测检查 | | | | | | 施工单位<br>检查评定记录 | 监理（建设）<br>单位验收记录 |

| | | | | 施工单位检查评定记录 | 监理（建设）单位验收记录 |
|---|---|---|---|---|---|
| 主控项目 | 青灰背屋面工程包括平台、天沟、棋盘心等青灰背屋面工程（不包括瓦面下的青灰背垫层） | 1 | 屋面严禁出现漏水现象 | | |
| | | 2 | 苫背的材料、做法必须符合设计要求或古建常规做法 | | |
| | | 3 | 不得使用朽污变质的麻刀，面层苫背不得使用灰膏，必须使用泼浆灰 | | |
| | | 4 | 灰背表面应无爆灰、开裂、空鼓、积水、酥碱和冻结现象 | | |
| | | 5 | 灰背与墙体、砖檐、屋面等交接部位应避免做成逆槎，灰背粘接必须牢固，不得翘边、开裂、挡水，灰背屋面的瓦檐，不得出现尿檐现象 | | |
| | | 6 | 表面不得出现开裂，无麻刀团、露麻、起毛、起泡、水纹等粗糙现象；刷浆赶轧必须坚实，不得有过嫩虚软现象 | | |

一般项目

灰背表面应符合以下规定：
表面顺平，无坑洼不平，无局部存水现象，泛水适宜，排水畅通，能满足排水要求；沟嘴子附近无存水、挡水现象；排水迅速，灰背屋面的瓦檐出檐平顺

| 序号 | 项目 | 允许偏差（mm） | | 实测值（mm） | | | | | | | | | | 合格率（%） |
|---|---|---|---|---|---|---|---|---|---|---|---|---|---|---|
| | | | | 1 | 2 | 3 | 4 | 5 | 6 | 7 | 8 | 9 | 10 | |
| 1 | 泥背每层厚 50mm | ±10 | | | | | | | | | | | | |
| 2 | 灰背每层厚 30mm | +5 | −10 | | | | | | | | | | | |
| 3 | 灰背平整度 | 15 | | | | | | | | | | | | |

| 施工单位检查评定结果 | 主控项目 | |
|---|---|---|
| | 一般项目 | |
| | 项目专业质量检查员：<br>项目专业质量（技术）负责人：<br><br>年　月　日 | |
| 监理（建设）单位验收结论 | 监理工程师或建设单位项目技术负责人：<br><br>年　月　日 | |

# 第六节 屋面修补

一、本节包括各种屋面的局部修补，其中屋面挑顶、重新苫背、满裹垄或满夹腮及揭檐头等修补应按新标准执行。

检查数量：按批量检查，不少于一个检验批，抽查 10％但不少于 2 处，不同做法的，每种不少于 1 处。

检验方法：观察或泼水检查。

二、经修补的屋面不得漏水，不得留有破碎的底瓦，不得有局部低洼存水现象。

三、经修补的屋面，杂草、小树必须全部铲除，积土、杂物必须全部冲扫干净，排水必须通畅。

四、修补的屋面其酥裂、空鼓的灰皮必须铲净，被抹的灰与底层必须粘结牢固，无空鼓、开裂等现象。

五、局部修补、揭檐头或抽换瓦件时，新、旧垫层必须在新、旧瓦交换处的上部接槎，并用灰堵严、塞实、抹顺；新、旧瓦的搭接必须为顺槎，底瓦不得坡度过缓。

六、修补后屋面的外观应符合以下规定：

瓦垄或屋脊无死弯，接槎处无明显高低不平；灰表面赶轧无虚软现象；刷浆无漏刷及明显露底，瓦面整洁。

七、青灰背修补，表面应符合以下规定：

新、旧灰接槎处不挡水，灰表面无明显露麻、过嫩虚软等赶轧粗糙现象。

八、瓦件或脊件零星添配，外观应符合以下规定：

摆放牢固平稳，无明显偏歪；与原有脊件或瓦件宜配套，比例应适当。

## 九、屋面修补验收记录表

**表 9-6-1**

| 工程名称 | | 分项工程名称 | | 验收部位 | |
|---|---|---|---|---|---|
| 施工单位 | | | | 项目经理 | |
| 执行标准名称及编号 | | | | 专业工长 | |
| 分包单位 | | | | 施工班组长 | |

| | | 质量验收规范的规定、检验方法：观察检查、实测检查 | | | 施工单位检查评定记录 | 监理（建设）单位验收记录 |
|---|---|---|---|---|---|---|
| 主控项目 | | 1 | 经修补的屋面不得漏水，不得留有破碎的底瓦，不得有局部低洼存水现象 | | | |
| | | 2 | 经修补的屋面，杂草、小树必须全部铲除，积土、杂物必须全部冲扫干净，排水必须通畅 | | | |
| | | 3 | 修补的屋面其酥裂、空鼓的灰皮必须铲净，被抹的灰与底层必须粘结牢固，无空鼓、开裂等现象 | | | |
| | | 4 | 局部修补、揭檐头或抽换瓦件时，新、旧垫层必须在新、旧瓦交换处的上部接槎，并用灰堵严、塞实、抹顺；新、旧瓦的搭接必须为顺槎，底瓦不得坡度过缓 | | | |
| 一般项目 | 包括各种屋面的局部修补，其中屋面挑顶、重新苫背、满裹垄或满夹腮及揭檐头等修补应按新标准执行 | 1. 修补后屋面的外观应符合以下规定：瓦垄或屋脊无死弯，接槎处无明显高低不平；灰表面赶轧无虚软现象；刷浆无漏刷及明显露底，瓦面整洁<br>2. 青灰背修补，表面应符合以下规定：新、旧灰接槎处不挡水，灰表面无明显露麻、过嫩虚软等赶轧粗糙现象<br>3. 瓦件或脊件零星添配，外观应符合以下规定：摆放牢固平稳，无明显偏歪；与原有脊件或瓦件宜配套，比例应适当 | | | | |

| 序号 | 项目 | 允许偏差（mm） | | 实测值（mm） | | | | | | | | | | 合格率（%） |
|---|---|---|---|---|---|---|---|---|---|---|---|---|---|---|
| | | | | 1 | 2 | 3 | 4 | 5 | 6 | 7 | 8 | 9 | 10 | |
| 1 | 各种屋面的局部修补 | 平整度 | +10 | −5 | | | | | | | | | | |
| 2 | 屋面挑顶修补 | 平整、垂直度 | +5 | −5 | | | | | | | | | | |
| 3 | 重新苫背 | 平整垂 | 5 | | | | | | | | | | | |
| 4 | 满裹垄或满夹腮 | 平直顺度 | 5 | | | | | | | | | | | |
| 5 | 揭瓦 檐头 | 平直度 | 8 | | | | | | | | | | | |

| 施工单位检查评定结果 | 主控项目 | |
|---|---|---|
| | 一般项目 | |
| | 项目专业质量检查员：<br>项目专业质量（技术）负责人：<br><br>年　　月　　日 | |

| 监理（建设）单位验收结论 | 监理工程师或建设单位项目技术负责人：<br><br>年　　月　　日 |
|---|---|

# 第十章 抹灰工程

## 第一节 新做抹灰工程

一、新做抹灰工程包括麻刀灰、石灰砂浆、水泥砂浆及剁斧石等抹灰工程（壁画抹灰可参照执行）。

检查数量：按批量检查，不少于一个检验批，室外每 $50m^2$ 抽查 1 处，每处 3m，不小于 2 处；室内按有代表性的自然间抽查 10%，不少于 2 间；不同抹灰做法的，每种不少于 2 处。

二、材料品种、质量、配比等必须符合设计要求。

检验方法：观察检查。

三、各抹灰层之间及抹灰层与基体之间必须粘结牢固，无脱层、空鼓，面层无爆灰和裂缝（风裂除外）等缺陷。

检验方法：用小锤轻击和观察检查。

注：空鼓但不裂且面积不大于 $200cm^2$ 者，可不计。

四、石灰砂浆、水泥砂浆抹灰表面应符合以下规定：

1. 普通抹灰：表面光滑，接槎平整。

2. 中级抹灰：表面光滑，接槎平整，线角顺直。

3. 高级抹灰（室内壁画抹灰可参照执行）：

表面光滑、洁净，颜色均匀，水泥砂浆无明显抹纹，线角和灰线平直方正。

检验方法：观察和手摸检查。

五、阴、阳角应符合以下规定：阴、阳角基本直顺、无死弯，阳角无明显缺棱掉角，阴角无明显裂缝、野灰、抹子划痕等缺陷，护角做法应符合施工规范的规定。

检验方法：观察检查。

六、门窗框与墙体间缝隙的填塞质量应符合以下规定：

填塞密实，表面平顺。

检验方法：观察检查。

七、抹青灰、月白灰、红灰、黄灰等麻刀灰，表面应符合以下规定：

表面平顺，无明显坑洼不平；无明显麻刀团及赶轧虚软等缺陷；浆色均匀，不露底，无漏刷、起皮等缺陷。

八、麻面砂子灰的表面应符合以下规定：

毛面纹路较有规律，较少死坑、粗糙搓痕、裂纹。

检验方法：观察检查。

九、剁斧石（斩假石）的表面应符合以下规定：

剁纹均匀顺直，楞角无损坏。

检验方法：观察检查。

十、抹灰后作假砖缝，其表面应符合以下规定：

墙面整洁，缝线直顺、深浅均匀，接槎自然，无粗糙感。

检验方法：观察检查。

十一、抹灰的允许偏差和检验方法应符合以下规定：

1. 表面平整——用 2m 靠尺和楔形塞尺检查，顶棚抹灰不检查，但应平顺。

2. 阴阳角垂直度——用 2m 托线板尺量检查，要求收分的墙面不检查。

3. 垂直度——用 2m 托板尺量检查。

4. 阴阳角方正——用方尺和楔形塞尺检查，中级抹灰只检查阳角。

5. 冰盘檐须弥座线角直顺——拉 5m，不足 5m 拉通线，尺量检查。

6. 假砖缝、缝线平直度——拉 5m，不足 5m 拉通线，尺量检查。

十二、新做抹灰工程验收记录

表 10-1-1

| 工程名称 | | | 分项工程名称 | | 验收部位 | |
|---|---|---|---|---|---|---|
| 施工单位 | | | | | 项目经理 | |
| 执行标准名称及编号 | | | | | 专业工长 | |
| 分包单位 | | | | | 施工班组长 | |
| 质量验收规范的规定、检验方法：观察检查、实测检查 | | | | | 施工单位检查评定记录 | 监理（建设）单位验收记录 |
| 主控项目 | 抹灰工程包括麻刀灰、石灰砂浆、水泥砂浆及剁斧石等抹灰工程（壁画抹灰可参照执行） | 1 | 材料品种、质量、配比等必须符合设计要求 | | | |
| | | 2 | 各抹灰层之间及抹灰层与基体之间必须粘结牢固，无脱层、空鼓，面层无爆灰和裂缝（风裂除外）等缺陷 | | | |
| | | | 石灰砂浆、水泥砂浆抹灰表面应符合以下规定：<br>1. 普通抹灰：表面光滑、洁净，接槎平整<br>2. 中级抹灰：表面光滑、洁净，接槎平整，线角顺直清晰<br>3. 高级抹灰（室内壁画抹灰可参照执行）：表面光滑、洁净，颜色均匀，水泥砂浆无抹纹，线角和灰线平直方正<br>4. 阴、阳角应符合以下规定：阴、阳角基本直顺、无死弯，阳角无明显缺棱掉角，阴角无明显裂缝、野灰、抹子划痕等缺陷，护角做法符合施工规范的规定<br>5. 门窗框与墙体间缝隙的填塞质量应符合以下规定：填塞密实，表面平顺<br>6. 抹青灰、月白灰、红灰、黄灰等麻刀灰，表面应符合以下规定：表面平顺，无明显坑洼不平。无明显麻刀团及赶轧虚软等缺陷；浆色均匀，不露底，无漏刷、起皮等缺陷<br>7. 麻面砂子灰的表面应符合以下规定：毛面纹路较有规律，较少死坑、粗糙搓痕、裂纹<br>8. 剁斧石（斩假石）的表面应符合以下规定：剁纹均匀顺直，棱角无损坏，深浅一致，颜色一致，无漏剁处，留边宽度一致，棱角无损坏<br>9. 抹灰后做假砖缝，其表面应符合以下规定：墙面洁净，缝线横平竖直，深浅均匀一致，接槎无搭痕，细致美观 | | | |

续表

| 一般项目 | 序号 | 项目 | 允许偏差（mm） | | | | | 实测值（mm） | | | | | | | | | | 合格率（％） |
|---|---|---|---|---|---|---|---|---|---|---|---|---|---|---|---|---|---|---|
| 抹灰工程包括麻刀灰、石灰砂浆、水泥砂浆及剁斧石等抹灰工程（壁画抹灰可参照执行） | | | 月白灰青灰红灰黄灰 | 石灰砂浆、水泥砂浆 | | | 剁斧石 | 1 | 2 | 3 | 4 | 5 | 6 | 7 | 8 | 9 | 10 | |
| | | | | 高级 | 中级 | 普通 | | | | | | | | | | | | |
| | 1 | 表面平整 | 8 | 2 | 4 | 5 | 3 | | | | | | | | | | | |
| | 2 | 阴阳角垂直度 | 10 | 2 | 4 | 10 | 3 | | | | | | | | | | | |
| | 3 | 垂直度 | | 3 | 5 | | 4 | | | | | | | | | | | |
| | 4 | 阴阳角方正 | | 2 | 4 | 6 | 3 | | | | | | | | | | | |
| | 5 | 冰盘檐须弥座线角直顺 | | | 3 | | | | | | | | | | | | | |
| | 6 | 假砖缝、缝线平直度 | 3 | | 3 | | | | | | | | | | | | | |

| | 主控项目 | |
|---|---|---|
| | 一般项目 | |

| 施工单位检查评定结果 | 项目专业质量检查员：<br>项目专业质量（技术）负责人：<br><br>　　　　　　　　　　　　　　　　年　　月　　日 |
|---|---|
| 监理（建设）单位验收结论 | 监理工程师或建设单位项目技术负责人：<br><br>　　　　　　　　　　　　　　　　年　　月　　日 |

# 第二节　修补抹灰

　　一、本节适用于局部修补抹灰工程的质量检验和评定，全部铲抹者，应按新标准执行。

　　检查数量：按批量检查，不少于一个检验批，有代表性的抽查 10％，但不少于 2 处；不同做法的，每种不少于 1 处。

　　检验方法：观察检查与手摸或小锤轻击等方法相结合。

　　二、经修补的墙面不得再有明显的灰皮松动、空鼓、脱层等漏修现象。

　　三、补抹后的灰皮，严禁出现空鼓、开裂、爆灰等现象。

　　四、新旧灰皮接槎处不得翘边、开裂、松动。

　　五、补抹的部分不应明显低于或高出邻近的原有墙面，新旧灰接槎必须平顺。

　　六、补抹的面层应符合以下规定：外观效果与原有墙面无明显差别。

　　七、修补刷浆应符合以下规定：浆色与原墙浆色无明显差别，无漏刷、起皮等缺陷。

## 八、修补抹灰验收记录表

表 10-2-1

| 工程名称 | | | 分项工程名称 | | | | | | | | | | | 验收部位 | | |
|---|---|---|---|---|---|---|---|---|---|---|---|---|---|---|---|---|
| 施工单位 | | | | | | | | | | | | | | 项目经理 | | |
| 执行标准名称及编号 | | | | | | | | | | | | | | 专业工长 | | |
| 分包单位 | | | | | | | | | | | | | | 施工班组长 | | |
| 质量验收规范的规定、检验方法：观察检查、实测检查 | | | | | | | | | | | | | | 施工单位<br>检查评定记录 | | 监理（建设）<br>单位验收记录 |
| 主控项目 | | 1 | 经修补的墙面不得再有明显的灰皮松动、空鼓、脱层等漏修现象 | | | | | | | | | | | | | |
| | | 2 | 补抹后的灰皮，严禁出现空鼓、开裂、爆灰等现象 | | | | | | | | | | | | | |
| | | 3 | 新旧灰皮接槎处不得翘边、开裂、松动 | | | | | | | | | | | | | |
| | | 4 | 补抹的部分不应明显低于或高出邻近的原有墙面，新旧灰接槎必须平顺 | | | | | | | | | | | | | |
| 一般项目 | 适用于局部修补抹灰工程的质量检验和评定，全部铲抹者，应按新标准执行 | 1. 补抹的面层应符合以下规定：外观效果与原有墙面无明显差别<br>2. 修补刷浆应符合以下规定：浆色与原墙浆色无明显差别，无漏刷、起皮等缺陷 | | | | | | | | | | | | | | |
| | | 序号 | 项目 | 允许偏差（mm） | | | | | 实测值（mm） | | | | | | | 合格率（%） |

| 序号 | 项目 | 月白灰<br>青灰<br>红灰<br>黄灰 | 石灰砂浆、水泥砂浆 | | | 剁斧石 | 1 | 2 | 3 | 4 | 5 | 6 | 7 | 8 | 9 | 10 | 合格率（%） |
|---|---|---|---|---|---|---|---|---|---|---|---|---|---|---|---|---|---|
| | | | 高级 | 中级 | 普通 | | | | | | | | | | | | |
| 1 | 表面平整 | 8 | 2 | 4 | 5 | 3 | | | | | | | | | | | |
| 2 | 阴阳角垂直度 | 10 | 2 | 4 | 10 | 3 | | | | | | | | | | | |
| 3 | 垂直度 | — | 3 | 5 | | 4 | | | | | | | | | | | |
| 4 | 阴阳角方正 | — | 2 | 4 | 6 | 3 | | | | | | | | | | | |
| 5 | 冰盘檐须弥座线角直顺 | — | 3 | | | 3 | | | | | | | | | | | |
| 6 | 假砖缝、缝线平直度 | 3 | 3 | | | — | | | | | | | | | | | |

| 施工单位检查评定结果 | 主控项目 | |
|---|---|---|
| | 一般项目 | |
| | 项目专业质量检查员：<br>项目专业质量（技术）负责人：<br><br>年　　月　　日 | |
| 监理（建设）单位验收结论 | 监理工程师或建设单位项目技术负责人：<br><br>年　　月　　日 | |

# 第十一章　地面工程

## 第一节　砖墁地面工程

一、本节包括室内、外细墁地面和糙墁地面工程。

检查数量：按批量检查，不少于一个检验批，室内按有代表性的自然间抽查10%，但不应少于2间（柱中至柱中为一个自然间，游廊以3个自然间为1间）；室外抽查总数的10%，但不应少于2处。

二、砖的规格、品种、质量及工程做法必须符合设计要求。

检验方法：观察检查，检查出厂合格证或试验报告。

三、基层必须坚实，结合层的厚度应符合施工规范规定或传统常规做法。

检验方法：观察检查，检查试验记录及隐蔽工程验收记录。

四、面层和基层必须结合牢固，砖块不得松动。

检验方法：观察，用小锤轻击检查。

五、地面砖必须完整，不得缺棱掉角、断裂、破碎。

检验方法：观察检查。

六、地面分格等艺术形式必须符合设计要求或传统做法。

检验方法：观察检查。

七、廊子及庭院等需要自然排水的地面，应符合以下规定：泛水适宜，无明显积水现象。

检验方法：观察和泼水检查。

八、细墁地面（包括水泥仿方砖）的外观应符合以下规定：地面整洁，棱角完整，表面无灰浆、泥点等不洁现象，接缝均匀，油灰饱满。

检验方法：观察检查。

九、糙墁地面（包括预制混凝土块）的外观应符合以下规定：表面整洁，无明显缺棱掉角，无灰浆泥点等脏物，砖缝大小均匀，扫缝成勾缝较严、深浅一致。砖缝大小均匀一致，接缝平顺，扫缝或勾缝严密，深浅一致，灰缝内不空虚。

检验方法：观察检查。

十、地面钻生（桐油）应符合以下规定：钻生均匀，无明显的油皮和损伤砖表面现象，表面整洁。"钻生泼墨"做法的地面，墨色应均匀，无残留的油皮或蜡皮，表面洁净。

检验方法：观察检查。

十一、砖墁地面的允许偏差和检验方法应符合以下规定：

1. 青砖表面平整——用 2m 靠尺和楔形塞尺检查。
2. 细墁地宽 2mm，砖缝顺直——拉 5m 线，不足 5m 拉通线，尺量检查。
3. 粗墁地宽 5m，砖缝顺直——抽查经观察测定的最大偏差处，尺量检查。
4. 青砖相邻砖高低差——用短平尺贴于高出的表面，用楔形塞尺检查相邻处。

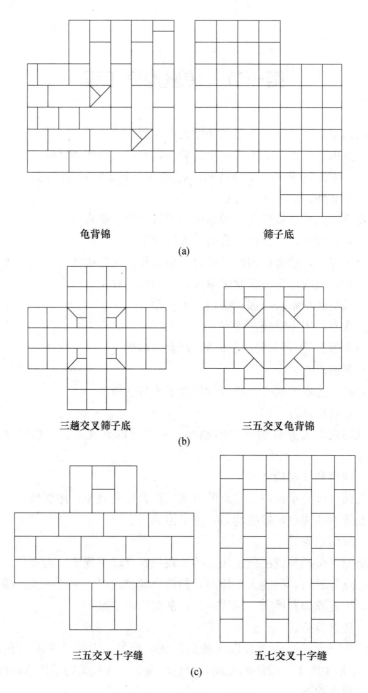

图 11.1.1　方砖墁地、甬道

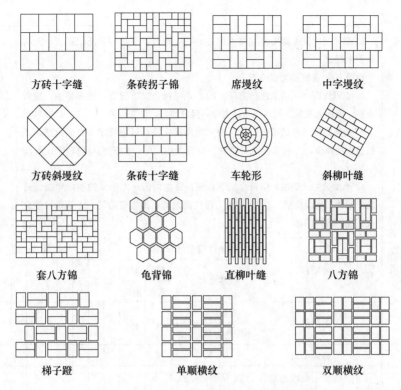

图 11.1.2 地砖墁地多种排列形式

## 十二、砖墁地面工程验收记录表

**表 11-1-1**

| 工程名称 | | | 分项工程名称 | | 验收部位 | |
|---|---|---|---|---|---|---|
| 施工单位 | | | | | 项目经理 | |
| 执行标准名称及编号 | | | | | 专业工长 | |
| 分包单位 | | | | | 施工班组长 | |
| 质量验收规范的规定、检验方法：观察检查、实测检查 | | | | | 施工单位<br>检查评定记录 | 监理（建设）<br>单位验收记录 |
| 主控项目 | 包括室内、外细墁地面和糙墁地面工程 | 1 | 砖的规格、品种、质量及工程做法必须符合设计要求 | | | |
| | | 2 | 基层必须坚实，结合层的厚度应符合施工规范规定或传统常规做法 | | | |
| | | 3 | 面层和基层必须结合牢固，砖块不得松动 | | | |
| | | 4 | 地面砖必须完整，不得缺棱掉角、断裂、破碎 | | | |
| | | 5 | 地面分格等艺术形式必须符合设计要求或传统做法 | | | |

| 一般项目 | 包括室内、外细墁地面和糙墁地面工程 | 1. 廊子及庭院等需要自然排水的地面，应符合以下规定：泛水适宜，无明显积水现象<br><br>检验方法 观察和泼水检查<br><br>2. 细墁地面（包括水泥仿方砖）的外观应符合以下规定：地面整洁，棱角完整，表面无灰浆、泥点等不洁现象，接缝均匀，油灰饱满<br><br>3. 糙墁地面（包括预制混凝土块）的外观应符合以下规定：表面整洁，无明显缺棱掉角，无灰浆泥点等脏物，砖缝大小均匀，扫缝成勾缝较严、深浅一致<br><br>4. 地面钻生（桐油）应符合以下规定：钻生均匀，无明显的油皮和损伤砖表面现象，表面整洁。"钻生泼墨"做法的地面，墨色应均匀，无残留的油皮或蜡皮，表面洁净 |

| 序号 | 项目 | | 允许偏差（mm） | | | 实测值（mm） | | | | | | | | | | 合格率（%） |
|---|---|---|---|---|---|---|---|---|---|---|---|---|---|---|---|---|
| | | | 细墁地坪 | 糙墁地坪 | | 1 | 2 | 3 | 4 | 5 | 6 | 7 | 8 | 9 | 10 | |
| | | | | 室内 | 室外 | | | | | | | | | | | |
| 1 | 表面平整 | 青砖 | 2 | 4 | 7 | | | | | | | | | | | |
| | | 水泥仿方砖 | 3 | | | | | | | | | | | | | |
| 2 | 砖缝顺直 | | 3 | 4 | 5 | | | | | | | | | | | |
| 3 | 灰缝宽度 | 细墁地宽 2mm | ±1 | | | | | | | | | | | | | |
| 4 | | 粗墁地宽 | | 1 | 5 | | | | | | | | | | | |
| 5 | | 5mm | | −2 | | | | | | | | | | | | |
| 6 | 相邻砖高低差 | 青砖 | 0.5 | 2 | 3 | | | | | | | | | | | |
| | | 水泥仿方砖 | 1 | | | | | | | | | | | | | |

| 主控项目 | |
|---|---|
| 一般项目 | |

| 施工单位检查评定结果 | 项目专业质量检查员：<br>项目专业质量（技术）负责人：<br><br><br>年　月　日 |
|---|---|
| 监理（建设）单位验收结论 | 监理工程师或建设单位项目技术负责人：<br><br><br>年　月　日 |

# 第二节　墁石子地工程

一、本节涉及各种墁石子地工程。

检查数量：按批量检查，不少于一个检验批，抽查总数的 10％，不少于 2 处。

二、图案内容和形式必须符合设计要求或传统习惯表现法，材料品种、质量、颜色等必须符合设计要求。

检验方法：观察检查。

三、面层和基层必须粘结牢固，不得空鼓、开裂，石子无松动，掉粒现象。

检验方法：观察检查。

四、石子地的石子嵌固应符合以下规定：石子排列紧密，显露均匀。

检验方法：观察检查。

五、石子地的表面平整应符合以下规定：表面平顺，无明显的坑洼或隆起，与方砖、牙子砖接槎处无明显不平。

检验方法：观察检查。

六、石子地的泛水应符合以下规定：泛水符合排水要求。

检验方法：观察或泼水检查。

七、石子地的外观应符合以下规定：表面整洁，石子应露出本色，无明显残留的灰浆、水纹、灰渍等未刷洗干净现象。花饰清楚，色彩有区别，无粗糙感。

检验方法：观察检查。

## 八、墁石子地工程验收记录表

表 11-2-1

| 工程名称 | | 分项工程名称 | | 验收部位 | |
|---|---|---|---|---|---|
| 施工单位 | | | | 项目经理 | |
| 执行标准名称及编号 | | | | 专业工长 | |
| 分包单位 | | | | 施工班组长 | |

| 质量验收规范的规定、检验方法：观察检查、实测检查 | | | 施工单位检查评定记录 | 监理（建设）单位验收记录 |
|---|---|---|---|---|

<table>
<tr><td rowspan="2">主控项目</td><td>1</td><td>图案内容和形式必须符合设计要求或传统习惯表现法，材料品种、质量、颜色等必须符合设计要求</td><td></td><td></td></tr>
<tr><td>2</td><td>面层和基层必须粘结牢固，不得空鼓、开裂，石子无松动，掉粒现象</td><td></td><td></td></tr>
</table>

| 一般项目 | 包括各种墁石子地工程 |
|---|---|

1. 石子地平的石子嵌固应符合以下规定：石子排列紧密，显露均匀
2. 石子地的表面平整应符合以下规定：表面平顺，无明显的坑洼或隆起，与方砖、牙子砖接槎处无明显不平
3. 石子地的泛水应符合以下规定：泛水符合排水要求
4. 石子地的外观应符合以下规定：表面整洁，石子应露出本色，无明显残留的灰浆、水纹、灰渍等未刷洗干净现象。花饰清楚，色彩有区别，无粗糙感

| 序号 | 项目 | 允许偏差（mm） | 实测值（mm） | | | | | | | | | | 合格率（%） |
|---|---|---|---|---|---|---|---|---|---|---|---|---|---|
| | | | 1 | 2 | 3 | 4 | 5 | 6 | 7 | 8 | 9 | 10 | |
| 1 | 线条顺直 | 10 | | | | | | | | | | | |
| 2 | 平整度 | 5 | | | | | | | | | | | |
| 3 | 色泽交叉 | 10 | | | | | | | | | | | |

| 施工单位检查评定结果 | 主控项目 | |
|---|---|---|
| | 一般项目 | |
| | 项目专业质量检查员：<br>项目专业质量（技术）负责人：<br><br><br>年　　月　　日 | |

| 监理（建设）单位验收结论 | 监理工程师或建设单位项目技术负责人：<br><br><br>年　　月　　日 |
|---|---|

# 第三节 水泥仿古地面工程

一、水泥仿古地面工程包括水泥及细石混凝土整体面层的仿古地面（包括踢脚线）。块料面层的质量检验和评定应符合本章第一节的有关规定。

检查数量：按批量检查，不少于一个检验批。室内，按有代表性的自然间抽查 10%，但不应少于 2 间（柱中至柱中为一个自然间，游廊以 3 个自然间为 1 间）；室外，抽查总数的 10%，但不应少于 2 处。

二、基层必须坚实、平整，标高必须符合设计要求。

检验方法：观察检查，检查试验记录；标高用水准仪检查。

三、材料的品种、质量、配比等必须符合设计要求。

检验方法：观察检查，检查试验报告和测定记录。

四、面层与基层必须粘结牢固，不得有空鼓。空鼓面积不大于 $400cm^2$，无裂纹，在一个检查范围内不多于 2 处者可不计。

检验方法：用小锤轻击检查。

五、面层表面应符合以下规定：

表面密实压光；无明显裂纹、脱皮、麻面、起砂、水纹、抹子划痕等缺陷；表面整洁，无残留的砂浆等脏物；周边顺平。

检验方法：观察检查。

六、要求做泛水的地面应符合以下规定：

泛水能满足排水要求。

检验方法：观察或泼水检查。

七、表面做假砖缝，分格应符合以下规定：

分格的形式应符合设计要求或传统常规做法，缝线直顺、深浅均匀，接槎自然，无粗糙感。

检验方法：观察检查。

八、踢脚线的质量应符合以下规定：

高度一致，棱角完整，与墙面结合牢固，局部虽有空鼓但其长度不大于 400mm，且在一个检查范围内不多于 2 处。

检验方法：用小锤轻击，尺量和观察检查。

九、水泥及细石混凝土仿古地面的允许偏差和检验方法应符合以下规定：

1. 表面平整度——用 2m 靠尺和楔形塞尺检查。

2. 分格直顺——拉 5m 线，不足 5m 拉通线的，尺量检查。

3. 踢脚线上口平直度——拉 5m 线，不足 5m 拉通线的，尺量检查。

## 十、水泥仿古地面工程验收记录表

表 11-3-1

| 工程名称 | | | 分项工程名称 | | 验收部位 | |
|---|---|---|---|---|---|---|
| 施工单位 | | | | | 项目经理 | |
| 执行标准名称及编号 | | | | | 专业工长 | |
| 分包单位 | | | | | 施工班组长 | |

| | | 质量验收规范的规定、检验方法：观察检查、实测检查 | | | 施工单位检查评定记录 | 监理（建设）单位验收记录 |
|---|---|---|---|---|---|---|
| 主控项目 | 水泥及细石混凝土整体面层的仿古地面（包括踢脚线）；块料面层的质量检验和评定应符合本章第一节的有关规定 | 1 | 基层必须坚实、平整，标高必须符合设计要求 | | | |
| | | 2 | 材料的品种、质量、配比等必须符合设计要求 | | | |
| | | 3 | 面层与基层必须粘结牢固，不得有空鼓 | | | |
| 一般项目 | | 1. 面层表面应符合以下规定：表面密实压光；无明显裂纹、脱皮、麻面、起砂、水纹、抹子划痕等缺陷；表面整洁，无残留的砂浆等脏物；周边顺平 2. 要求做泛水的地面应符合以下规定：泛水能满足排水要求 3. 表面做假砖缝，分格应符合以下规定：分格的形式应符合设计要求或传统常规做法，缝线直顺，深浅均匀，接槎自然，无粗糙感 4. 踢脚线的质量应符合以下规定：高度一致，棱角完整，与墙面结合牢固 | | | | |

| 序号 | 项目 | 允许偏差（mm） | | 实测值（mm） | | | | | | | | | | | 合格率（％） |
|---|---|---|---|---|---|---|---|---|---|---|---|---|---|---|---|
| | | | | 1 | 2 | 3 | 4 | 5 | 6 | 7 | 8 | 9 | 10 | | |
| 1 | 表面平整度 | 室内 | 室外 | | | | | | | | | | | | |
| | | 4 | 5 | | | | | | | | | | | | |
| 2 | 分格直顺 | 3 | | | | | | | | | | | | | |
| 3 | 踢脚线上口平直度 | 4 | | | | | | | | | | | | | |

| 施工单位检查评定结果 | 主控项目 | |
|---|---|---|
| | 一般项目 | |
| | 项目专业质量检查员： 项目专业质量（技术）负责人： 年　　月　　日 | |
| 监理（建设）单位验收结论 | 监理工程师或建设单位项目技术负责人： 年　　月　　日 | |

# 第四节　地面修补

一、本节包括地面局部修补工程的质量检验和评定。全部翻修、揭墁的地面应按新做地面的质量标准执行。

检查数量：按批量检查，不少于一个检验批，有代表性的抽查 10%，不应少于 2 处；不同做法的，每种不少于 1 处。

检验方法：观察检查。

二、经修补的地面，严禁存有明显残破漏修现象。

三、基层必须坚实。

四、修补的部分不得明显低于或高出邻近的原有地面。

五、修补的部分，墁砖做法的，不得松动；抹砂浆修补的，不开裂、不空鼓、不翘边，接槎处平顺，表面光洁。

六、修补的部分，外观效果应符合以下规定：外观效果、分格形式与原有地面无明显差别。

七、修补地面的允许偏差和检验方法应符合如下规定：

注：修补地面单块面积未超过 $4m^2$ 的，只检查新旧槎高低差和新旧地面砖缝是否直顺。

1. 表面平整度——用 2m 靠尺和楔形塞尺检查。

2. 砖缝直顺——拉 5m 线，不足 5m 拉通线，尺量检查。

3. 相邻砖高低差——短平尺贴于高出的表面，用楔形塞尺检查相邻处。

4. 新旧槎高低差——短平尺贴于高出的表面，用楔形塞尺检查相邻处。

5. 新旧地面砖缝直顺——顺原有地面砖缝拉线，尺量最大偏差。

## 八、地面修补验收记录表

表 11-4-1

| 工程名称 | | 分项工程名称 | | 验收部位 | |
|---|---|---|---|---|---|
| 施工单位 | | | | 项目经理 | |
| 执行标准名称及编号 | | | | 专业工长 | |
| 分包单位 | | | | 施工班组长 | |

| | | 质量验收规范的规定、检验方法：观察检查、实测检查 | | | | | | | | | | | | | | 施工单位检查评定记录 | 监理（建设）单位验收记录 |
|---|---|---|---|---|---|---|---|---|---|---|---|---|---|---|---|---|---|

主控项目：包括地面局部修补工程的质量检验和评定，全部翻修、揭墁的地面应按新做地面的质量标准执行

| 主控项目 | | | |
|---|---|---|---|
| 1 | 经修补的地面，严禁存有明显残破漏修现象 | | |
| 2 | 基层必须坚实 | | |
| 3 | 修补的部分不得明显低于或高出邻近的原有地面 | | |
| 4 | 修补的部分，墁砖做法的，不得松动；抹砂浆修补的，不开裂、不空鼓、不翘边，接槎处平顺，表面光洁 | | |

一般项目

修补的部分，外观效果应符合以下规定：外观效果、分格形式与原有地面无明显差别

| 序号 | 项目 | 允许偏差（mm） | | | 实测值（mm） | | | | | | | | | | 合格率（％） |
|---|---|---|---|---|---|---|---|---|---|---|---|---|---|---|---|
| | | 细墁 | 糙墁 | 抹水泥 | 1 | 2 | 3 | 4 | 5 | 6 | 7 | 8 | 9 | 10 | |
| 1 | 表面平整度 | 3 | 5 | 6 | | | | | | | | | | | |
| 2 | 砖缝直顺 | 3 | 4 | 4 | | | | | | | | | | | |
| 3 | 相邻砖高低差 | 1 | 2 | | | | | | | | | | | | |
| 4 | 新旧槎高低差 | 1 | 2 | 2 | | | | | | | | | | | |
| 5 | 新旧地面砖缝直顺 | 5 | 8 | | | | | | | | | | | | |

| | 主控项目 | |
|---|---|---|
| | 一般项目 | |

| 施工单位检查评定结果 | 项目专业质量检查员：<br>项目专业质量（技术）负责人：<br><br><br>年　　月　　日 |
|---|---|
| 监理（建设）单位验收结论 | 监理工程师或建设单位项目技术负责人：<br><br><br>年　　月　　日 |

注：修补地面单块面积未超过 4m² 的，只检查新旧槎高低差和新旧地面砖缝直顺。

# 第十二章　木装修制作、安装与修缮工程

## 第一节　一般规定

一、古建筑木装修指大门、槅扇、槛窗、支摘窗、风门、帘架、栏杆、楣子、什锦窗、花罩、板壁、楼梯、天花、藻井等室内外装修。

二、各类木装修制作所采用的树种、材质等级、含水率和防腐、防虫蛀等措施必须符合设计要求。

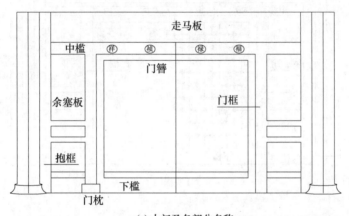

(a) 大门及各部分名称

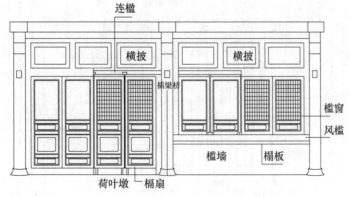

(b) 槅扇及各部分名称

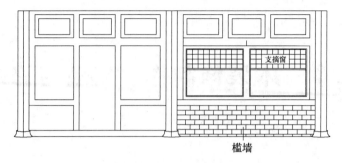

(c) 支摘窗及各种窗门槛框

图 12.1.1　各类大门、槅扇及帘架、构件名称

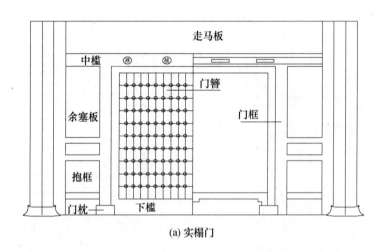

(a) 实榻门

(b) 撒带门

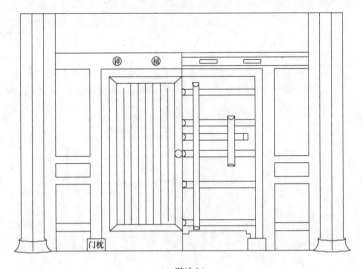

(c) 攒边门

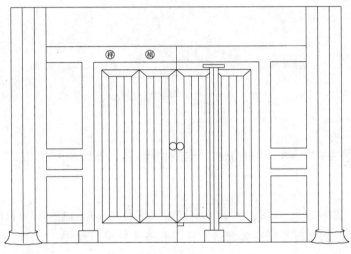

(d) 屏门

图 12.1.2　常见大门种类及名称

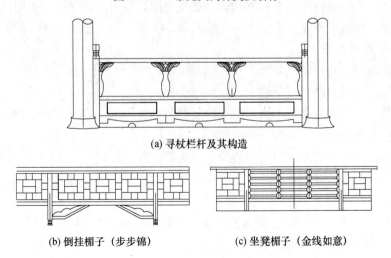

(a) 寻杖栏杆及其构造

(b) 倒挂楣子（步步锦）　　　(c) 坐凳楣子（金线如意）

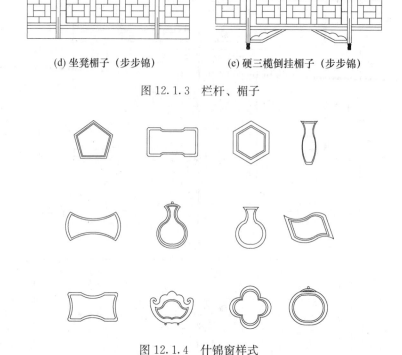

(d) 坐凳楣子（步步锦）　　　　(e) 硬三棂倒挂楣子（步步锦）

图 12.1.3　栏杆、楣子

图 12.1.4　什锦窗样式

# 第二节　槛框、榻板制作与安装工程

一、本节包括各类门、槅扇、槛窗、支摘窗及室内木装修的槛框和塌板的制作与安装。

二、各类槛框制作前必须有装修分丈杆，并按丈杆进行制作。

检验方法：检查丈杆。

三、槛框制作应符合以下规定：

表面光平、无明显刨痕、戗槎和残损，线条直顺，线肩严密平整，无明显疵病。

检查数量：按批量检查，不少于一个检验批，抽查 10％，但不少于 1 间。

检验方法　观察检查。

四、榻板制作应符合以下规定：

表面光平，无明显凸凹或裂缝。

检查数量：按批量检查，不少于一个检验批，抽查 10％，但不少于 2 块。

检验方法：观察检查。

五、槛框、榻板安装允许偏差和检验方法应符合以下规定：

检查数量：按批量检查，不少于一个检验批，抽查 10％，但不少于 2 间，榻板按一幢建筑的一面抽查，不少于 2 处。

1. 槛框里口垂直——沿正、侧两面吊线，尺量或用 2m 弹子板测。

2. 离口对角线长度——掐杆检查，尺量。

3. 榻板安装平直——以幢为单位拉通线，尺量。

4. 各间榻板安装出入平齐——以幢为单位拉通线，尺量。

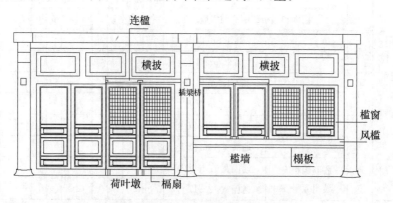

图 12.2.1　榻扇、榻板、槛窗、槛框

六、各类门、榻扇、槛窗、支摘窗及室内木装修的槛框和塌板制作与安装验收记录表

**表 12-2-1**

| 工程名称 | | | 分项工程名称 | | 验收部位 | |
|---|---|---|---|---|---|---|
| 施工单位 | | | | | 项目经理 | |
| 执行标准名称及编号 | | | | | 专业工长 | |
| 分包单位 | | | | | 施工班组长 | |
| 质量验收规范的规定、检验方法：观察检查、实测检查 | | | | | 施工单位<br>检查评定记录 | 监理（建设）<br>单位验收记录 |
| 主控项目 | 各类门、榻扇、槛窗、支摘窗及室内木装修的槛框和塌板的制作与安装 | 1 | 各类木装修制作所采用的树种、材质等级、含水率和防腐、防虫蛀等措施必须符合设计要求 | | | |
| | | 2 | 各类槛框制作前必须有装修分丈杆，并按丈杆进行制作。检验方法为检查丈杆 | | | |
| 一般项目 | | | 1. 槛框制作应符合以下规定：<br>　表面光平、无明显刨痕、戗槎和残损，线条直顺，线肩严密平整，无明显疵病<br>2. 榻板制作符合以下规定：表面光平，无明显凸凹或裂缝 | | | |

| 一般项目 | 各类门、槅扇、槛窗、支摘窗及室内木装修的槛框和塌板的制作与安装 | 序号 | 项目 | | 允许偏差（mm） | 实测值（mm） | | | | | | | | | | 合格率（%） |
|---|---|---|---|---|---|---|---|---|---|---|---|---|---|---|---|---|
| | | | 槛框和塌板的制作与安装 | | （mm） | 1 | 2 | 3 | 4 | 5 | 6 | 7 | 8 | 9 | 10 | |
| | | 1 | 槛框里口垂直 | 高1.5m以内 | 4 | | | | | | | | | | | |
| | | | | 高1.5m以上 | 6 | | | | | | | | | | | |
| | | 2 | 离口对角线长度 | 高1.5m以内 | 6 | | | | | | | | | | | |
| | | | | 高1.5m以上 | 8 | | | | | | | | | | | |
| | | 3 | 塌板安装平直 | 通面宽12m以内 | ±4 | | | | | | | | | | | |
| | | | | 通面宽12m以上 | ±6 | | | | | | | | | | | |
| | | 4 | 各间塌板安装出入平齐 | 通面宽12m以内 | ±5 | | | | | | | | | | | |
| | | | | 通面宽12m以上 | ±8 | | | | | | | | | | | |
| 施工单位检查评定结果 | 主控项目 | | | | | | | | | | | | | | | |
| | 一般项目 | | | | | | | | | | | | | | | |
| | 项目专业质量检查员：<br>项目专业质量（技术）负责人：<br><div align=right>年　月　日</div> | | | | | | | | | | | | | | | |
| 监理（建设）单位验收结论 | 监理工程师或建设单位项目技术负责人：<br><div align=right>年　月　日</div> | | | | | | | | | | | | | | | |

# 第三节　槅扇、槛窗、支摘窗、帘架、风门制作与安装工程

一、菱花心和花纹复杂、无规则的棂条花心（如冰裂纹、回纹、乱纹等）的制作必须放实样、套样板，按实样进行制作和组装，样板必须精确。

检验方法：观察检查。

二、边框、抹头制作应符合以下规定：

榫眼基本饱满，胶结牢固，线角无明显不严，线条直顺光洁，表面光平，无刨痕、戗槎、锤印，线角交圈，无明显疵病。

检查数量：按批量检查，不少于一个检验批，抽查10%，但不少于2樘。

检验方法：观察、手摸检查。

三、各种棂条花心，仔屉制作应符合以下规定：

棂条断面尺寸相等，凸、凹线或其他线条直顺，深浅一致，棂条相交处线角基本严实，棂条空档大小均匀一致，团花、卡子花位置准确、对称、无明显疵病，对应棂条直顺，无明显疵病。

检查数量：抽查10%，但不少于5扇。

检验方法：观察，用手扳动检查并辅以尺量。

四、边框、抹头外框制作的允许偏差和检验方法应符合表中规定。

检查数量：按批量检查，不少于一个检验批，抽查10％，但不少于2樘。

五、槅扇、槛窗、支摘窗等安装允许偏差和检验方法应符合以下规定：（允许偏差仅指偏差值，不含标准缝）。

检查数量：按批量检查，不少于一个检验批，各项抽查10％，但不少于2樘。

1. 翘曲——将外框放平台上用楔形塞尺检查。

2. 离口对角线长度——用杆掐或尺量。

3. 抹头安装平直度——以间为单位拉线，尺量。

4. 水平缝均匀安装——楔形塞尺检查。

5. 立缝均匀——楔形塞尺检查。

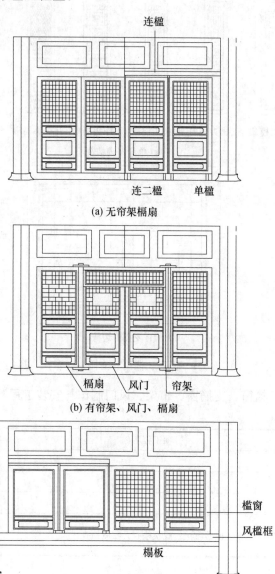

(a) 无帘架槅扇

(b) 有帘架、风门、槅扇

(c) 槛框、槛窗

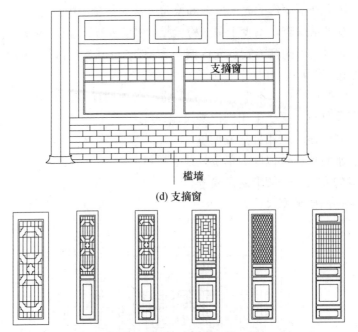

(d) 支摘窗

二抹头槅扇　三抹头槅扇　四抹头槅扇　五抹头槅扇　五抹头槅扇　六抹头槅扇

(e) 单扇槅扇构造

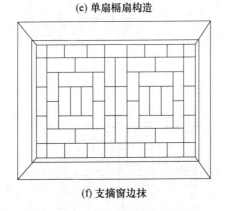

(f) 支摘窗边抹

图 12.3.1　槅扇、槛窗、支摘窗、帘架、风门

六、各类槅扇、槛窗、支摘窗、帘架、风门制作与安装工程验收记录表

表 12-3-1

| 工程名称 | | 分项工程名称 | | 验收部位 | |
|---|---|---|---|---|---|
| 施工单位 | | | | 项目经理 | |
| 执行标准名称及编号 | | | | 专业工长 | |
| 分包单位 | | | | 施工班组长 | |
| 质量验收规范的规定、检验方法：观察检查、实测检查 | | | | 施工单位<br>检查评定记录 | 监理（建设）<br>单位验收记录 |

续表

| 主控项目 | | 1 | 菱花心和花纹复杂、无规则的榇条花心（如冰裂纹、回纹、乱纹等）的制作必须放实样、套样板，按实样进行制作和组装，样板必须精确 | | | |
|---|---|---|---|---|---|---|
| | | 2 | 各类槛框制作前必须有装修分丈杆，并按丈杆进行制作。检验方法为检查丈杆 | | | |

| 一般项目 | 各类槅扇、槛窗、支摘窗、帘架、风门制作与安装工程 | 边框、抹头制作应符合以下规定：<br>榫眼饱满，胶结牢固，线角严实，交圈、线条光洁直顺，表面光平，无刨痕、戗槎、锤印等。<br>各种榇条花心，仔屉制作应符合以下规定：<br>榇条断面尺寸相等，凸凹或其他线条直顺、光洁、深浅一致，榇条相交处肩角严实，榫卯饱满，胶结严实，无松动，榇条空档大小一致，对应榇条直顺，团花、卡子花等位置准确、对称、牢固、无疵病 | | | |
|---|---|---|---|---|---|---|

| 序号 | 项目 各类槅扇、槛窗、支摘窗、帘架、风门制作与安装工程 | | 允许偏差（mm） | 实测值（mm） 1 2 3 4 5 6 7 8 9 10 | 合格率（%） |
|---|---|---|---|---|---|
| 1 | 翘曲 | 高1.5m以内 | 3 | | |
| | | 高1.5～2.5m | 4 | | |
| 2 | 离口对角线长度 | 高1.5m以内 | 3 | | |
| | | 高1.5m以上 | 5 | | |
| | | 高2.5m以上 | 7 | | |
| 3 | 抹头安装平直度 | 扇高在2m以内 | 4 | | |
| | | 扇高在2m以上 | 6 | | |
| 4 | 水平缝均匀安装 | 扇高在2m以内 | 3 | | |
| | | 扇高在2m以上 | 5 | | |
| 5 | 立缝均匀 | 扇高在2m以内 | 2 | | |
| | | 扇高在2m以上 | 5 | | |

| 施工单位检查评定结果 | 主控项目 | |
|---|---|---|
| | 一般项目 | |
| | 项目专业质量检查员：<br>项目专业质量（技术）负责人：<br><br>　　　　　　　　　　　　　年　　月　　日 | |

| 监理（建设）单位验收结论 | 监理工程师或建设单位项目技术负责人：<br><br>　　　　　　　　　　　　　年　　月　　日 |
|---|---|

# 第四节　坐凳楣子、倒挂楣子、美人靠的制作与安装

一、本节包括各种坐凳楣子、倒挂楣子和鹅颈椅、美人靠的制作与安装。

二、坐凳楣子、倒挂楣子安装必须牢固，严禁有松散、晃动现象。

检验方法：观察检查，用手推动。

三、坐凳楣子、倒挂楣子制作与安装应符合以下规定：

榫眼、胶结基本饱满，肩角无明显不严，线角交圈、表面光洁平整，对应棂条直顺，空档大小均匀，安装牢固。

检查数量：按批量检查，不少于一个检验批，抽查10％，但不少于3樘。

检验方法：观察或尺量。

四、坐凳楣子、倒挂楣子安装允许偏差和检验方法应符合以下规定。

注：一般以建筑的一面为单位，长廊每3间拉通线，多角、圆亭检查相邻各间或相邻两面。

检查数量：按批量检查，不少于一个检验批，抽查10％，但不少于一幢。

检验方法：

1. 各间坐凳平直度——拉线，尺量。

2. 坐凳进出错位——拉线，尺量。

3. 各间倒挂楣子平直度——拉线，尺量。

4. 各间倒挂楣子进出错位——拉线，尺量。

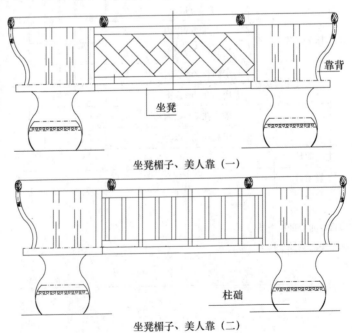

坐凳楣子、美人靠（一）

坐凳楣子、美人靠（二）

图12.4.1　坐凳楣子、美人靠

## 五、各种坐凳楣子、倒挂楣子和鹅颈椅、美人靠的制作与安装验收记录表

**表 12-4-1**

| 工程名称 | | | | 分项工程名称 | | | | | | 验收部位 | | | | | | |
|---|---|---|---|---|---|---|---|---|---|---|---|---|---|---|---|---|
| 施工单位 | | | | | | | | | | 项目经理 | | | | | | |
| 执行标准名称及编号 | | | | | | | | | | 专业工长 | | | | | | |
| 分包单位 | | | | | | | | | | 施工班组长 | | | | | | |
| 质量验收规范的规定、检验方法：观察检查、实测检查 | | | | | | | | | | 施工单位检查评定记录 | | | | 监理（建设）单位验收记录 | | |

| | | | | | | | | | | | | | | | | |
|---|---|---|---|---|---|---|---|---|---|---|---|---|---|---|---|---|
| 主控项目 | 各种坐凳楣子、倒挂楣子和鹅颈椅、美人靠的制作与安装 | 1 | 坐凳楣子、倒挂楣子安装必须牢固，严禁有松散、晃动现象 | | | | | | | | | | | | | |
| | | 2 | 坐凳楣子、倒挂楣子制作与安装应符合以下规定：榫眼、胶结饱满，肩角严，线角交圈表面光洁平整，对应楞条直顺，空档大小一致，安装牢固，无疵病 | | | | | | | | | | | | | |

| | | 序号 | 项 目 | | 允许偏差（mm） | 实测值（mm） | | | | | | | | | | 合格率（％） |
|---|---|---|---|---|---|---|---|---|---|---|---|---|---|---|---|---|
| 一般项目 | | | 坐凳楣子、倒挂楣子安装允许偏差应符合以下规定 | | | 1 | 2 | 3 | 4 | 5 | 6 | 7 | 8 | 9 | 10 | |
| | | 1 | 各间坐凳平直度 | 长 1.5m 以内 | 3 | | | | | | | | | | | |
| | | | | 长 1.5～2.5m | 4 | | | | | | | | | | | |
| | | 2 | 坐凳进出错位 | 长 2.5m 以上 | 5 | | | | | | | | | | | |
| | | 3 | 各间倒挂楣子平直度 | 长 2.5m 以上 | 4 | | | | | | | | | | | |
| | | 4 | 各间倒挂楣子进出错位 | 长 2.5m 以上 | 5 | | | | | | | | | | | |

| | | |
|---|---|---|
| 施工单位检查评定结果 | 主控项目 | |
| | 一般项目 | |
| | 项目专业质量检查员：<br>项目专业质量（技术）负责人：<br><br>年　月　日 | |
| 监理（建设）单位验收结论 | 监理工程师或建设单位项目技术负责人：<br><br>年　月　日 | |

# 第五节  栏杆制作与安装工程

一、栏杆制作与安装工程包括各种杖栏杆、花栏杆、直档栏杆、楼梯栏杆的制作与安装。

二、各种栏杆制作、安装必须牢固，严禁有松散、晃动等不坚固现象。

检验方法：观察检查、用手推晃。

三、栏杆制作应符合以下规定：

榫眼基本饱满，表面光平，无明显刨痕、戗槎、锤印，肩角严实，各部位尺寸准确；花栏杆棂条直顺，无明显疵病。

检查数量：按批量检查，不少于一个检验批，每种检查10％，但不得少于1樘。

检验方法：观察检查。

四、栏杆安装允许偏差和检验方法应符合以下规定：

检查数量：按批量检查，不少于一个检验批，抽查10％，但不少于1幢。

检验方法：

1. 各间栏杆平直度——以幢为单位拉通线，尺量。

2. 各间栏杆进出错位——以幢为单位拉通线，尺量。

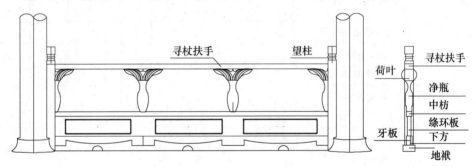

图 12.5.1  栏杆寻杖

五、各种杖栏杆、花栏杆、直档栏杆、楼梯栏杆的制作与安装验收记录表

表 12-5-1

| 工程名称 | | 分项工程名称 | | 验收部位 | |
|---|---|---|---|---|---|
| 施工单位 | | | | 项目经理 | |
| 执行标准名称及编号 | | | | 专业工长 | |
| 分包单位 | | | | 施工班组长 | |
| 质量验收规范的规定、检验方法：观察检查、实测检查 | | | | 施工单位检查评定记录 | 监理（建设）单位验收记录 |

| 主控项目 | 各种杖栏杆、花栏杆、直档栏杆、楼梯栏杆的制作与安装 | 各种栏杆制作、安装必须牢固，严禁有松散、晃动等不坚固现象 | | | | | |
|---|---|---|---|---|---|---|---|

一般项目

杆制作应符合以下规定：

榫眼基本饱满，表面光平，无明显刨痕、戗槎、锤印毛刺，肩角严实，各部位尺寸准确；花栏杆榥条直顺，无明显疵病

| 序号 | 项　　目 | 允许偏差（mm） | 实测值（mm） | | | | | | | | | | 合格率（％） |
|---|---|---|---|---|---|---|---|---|---|---|---|---|---|
| | | | 2 | 3 | 4 | 5 | 6 | 7 | 8 | 9 | 10 | | |
| 1 | 各间栏杆平直度 | 8 | | | | | | | | | | | |
| 2 | 各间栏杆进出错位 | 8 | | | | | | | | | | | |

| 主控项目 | |
|---|---|
| 一般项目 | |

施工单位检查评定结果

项目专业质量检查员：
项目专业质量（技术）负责人：

年　　月　　日

监理（建设）单位验收结论

监理工程师或建设单位项目技术负责人：

年　　月　　日

# 第六节　什锦窗制作与安装工程

一、各种什锦窗、牖窗的形状、尺度必须符合设计或样板的要求。

检验方法：观察（或尺量）检查，与设计图纸对照。

二、什锦窗安装必须符合十字中线为准的安装要求，不得以上皮线或下皮线为准。

检验方法：观察检查。

三、什锦窗、牖窗等制作安装应符合以下规定：

表面光平，线条流畅，边框仔屉之间缝隙基本均匀，肩角无明显不严，榫眼胶结饱满，外形符合要求。

检查数量：按批量检查，不少于一个检验批，抽查 10%，但不少于 2 樘。

检验方法：观察检查。

1. 边框仔屉间缝隙均匀。

2. 肩角无明显不严。

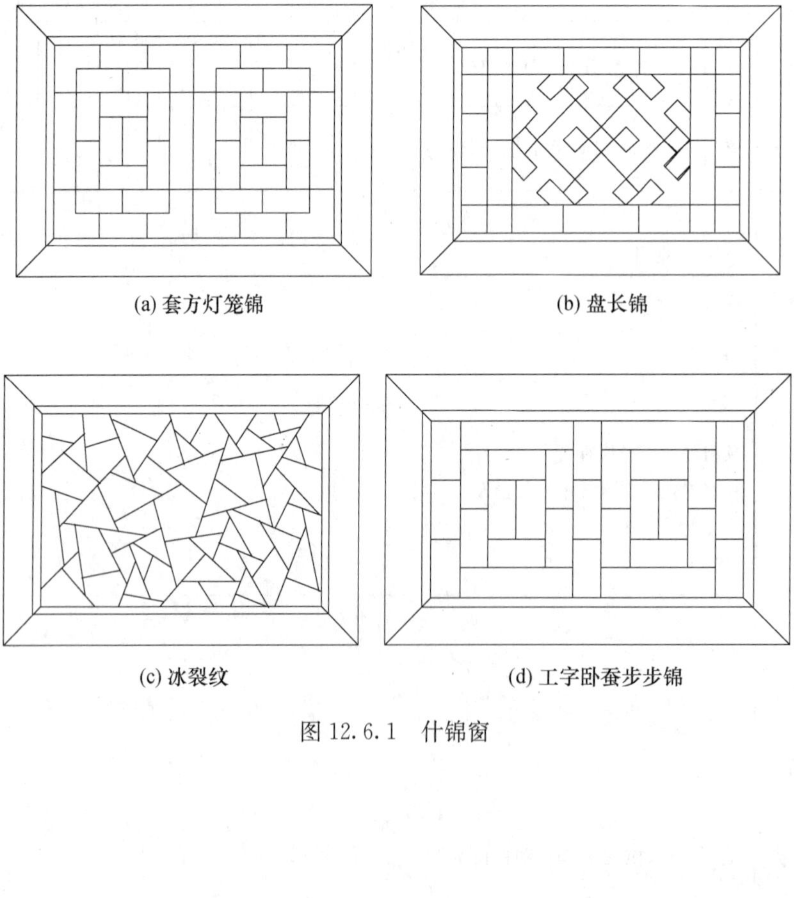

(a) 套方灯笼锦　(b) 盘长锦　(c) 冰裂纹　(d) 工字卧蚕步步锦

图 12.6.1　什锦窗

## 四、各种什锦窗制作与安装验收记录表

表 12-6-1

| 工程名称 | | | 分项工程名称 | | 验收部位 | |
|---|---|---|---|---|---|---|
| 施工单位 | | | | | 项目经理 | |
| 执行标准名称及编号 | | | | | 专业工长 | |
| 分包单位 | | | | | 施工班组长 | |
| 质量验收规范的规定、检验方法：观察检查、实测检查 | | | | | 施工单位检查评定记录 | 监理（建设）单位验收记录 |

| 主控项目 | 各种什锦窗的制作与安装 | 1 | 各种什锦窗、牖窗的形状、尺度必须符合设计或样板的要求 | | | |
|---|---|---|---|---|---|---|
| | | 2 | 什锦窗安装必须符合十字中线为准的安装要求，不得以上皮线或下皮线为准 | | | |

一般项目

各种什锦窗的制作与安装

什锦窗、牖窗等制作安装应符合以下规定：

外形符合设计要求，表面光平，线条流畅，边框仔屉之间缝隙均匀，肩角无明显不严，榫眼胶结饱满，胶结牢固，肩角严密

| 序号 | 项　　目 | 允许偏差（mm） | 实测值（mm） | | | | | | | | | | | 合格率（%） |
|---|---|---|---|---|---|---|---|---|---|---|---|---|---|---|
| | | | 1 | 2 | 3 | 4 | 5 | 6 | 7 | 8 | 9 | 10 | |
| 1 | 边框仔屉间缝隙均匀 | 2.5 | | | | | | | | | | | |
| 2 | 肩角无明显不严 | 2 | | | | | | | | | | | |

| 主控项目 | |
|---|---|
| 一般项目 | |

| 施工单位检查评定结果 | 项目专业质量检查员：<br>项目专业质量（技术）负责人：<br><br>　　　　　　　　　　　　　年　　月　　日 |
|---|---|
| 监理（建设）单位验收结论 | 监理工程师或建设单位项目技术负责人：<br><br>　　　　　　　　　　　　　年　　月　　日 |

# 第七节　大门制作与安装

一、实榻门、攒边门、屏门、撒带门等各种古建大门门板粘接，均不得做平缝，必须做企口缝或龙凤榫。

检验方法：观察检查。

二、实榻门、攒边门、撒带门、屏门等各种古建大门安装必须牢固，贴门框内侧安装的大门必须有上下和侧面掩缝，掩缝大小按门边厚的 1/3～1/4。

检验方法：观察和尺量。

三、各类大门安装之前，制作必须符合质量要求，在保管、运输、搬动中无损坏变形。

检验方法：观察检查。

四、大门制作应符合以下规定：

榫眼基本饱满，胶结牢固，肩角无明显不严，表面光平，无明显刨痕、戗槎、斧锤印；门钉、兽面、包叶、门钹等饰件安装位置准确牢固，尺寸符合设计要求。

检查数量：按批量检查，不少于一个检验批，抽查 10％，但不少于 2 扇。

检验方法：观察和尺量。

五、大门安装允许偏差和检验方法应符合以下规定：

注：允许偏差仅指偏差值，不含标准缝。

检查数量：按批量检查，不少于一个检验批，各项检查 10％，但不少于 1 樘。

1. 大门上、下皮平齐——尺量。

2. 大门立缝均匀——用楔形塞尺或尺量。

3. 屏门上下缝均匀——尺量或楔形塞尺检查。

4. 屏门立缝均匀——尺量或楔形塞尺检查。

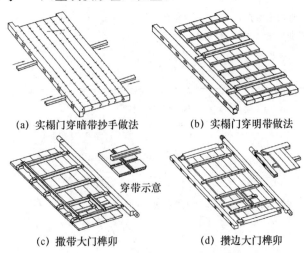

(a) 实榻门穿暗带抄手做法　　　(b) 实榻门穿明带做法

穿带示意

(c) 撒带大门榫卯　　　(d) 攒边大门榫卯

图 12.7.1　实榻门、撒带门、攒边门

## 六、各种大门制作与安装验收记录表

表 12-7-1

| 工程名称 | | | 分项工程名称 | | | 验收部位 | |
|---|---|---|---|---|---|---|---|
| 施工单位 | | | | | | 项目经理 | |
| 执行标准名称及编号 | | | | | | 专业工长 | |
| 分包单位 | | | | | | 施工班组长 | |

| | | | 质量验收规范的规定、检验方法：观察检查、实测检查 | 施工单位检查评定记录 | 监理（建设）单位验收记录 |
|---|---|---|---|---|---|
| 主控项目 | 实榻门、攒边门、屏门、撒带门等各种古建大门的制作与安装 | 1 | 实榻门、攒边门、屏门、撒带门等各种古建大门门板粘接，均不得做平缝，必须做企口缝或龙凤榫 | | |
| | | 2 | 实榻门、攒边门、撒带门、屏门等各种古建大门安装必须牢固，贴门框内侧安装的大门必须有上下和侧面掩缝，掩缝大小按门边厚的 1/3～1/4 | | |
| | | 3 | 各类大门安装之前，制作必须符合质量要求，在保管、运输、搬动中无损坏变形 | | |

大门制作应符合以下规定：

榫眼基本饱满，胶结牢固，肩角无明显不严，表面光平，无明显刨痕、戗槎、斧锤印；门钉、兽面、包叶、门钹等饰件安装位置准确牢固，尺寸符合设计要求

| | 一般项目 各种大门制作与安装工程 | 序号 | 项 目 实榻门、攒边门、屏门、撒带门等各种古建大门 | | 允许偏差（mm） | 实测值（mm） 1 2 3 4 5 6 7 8 9 10 | 合格率（%） |
|---|---|---|---|---|---|---|---|
| | | 1 | 大门上、下皮平齐 | 门高 2m 以内含 2m | 3 | | |
| | | | | 门高 2m 以上 | 5 | | |
| | | 2 | 大门立缝均匀 | 门高 2m 以内含 2m | 3 | | |
| | | | | 门高 2m 以上 | 5 | | |
| | | 3 | 屏门上下缝均匀 | | 2 | | |
| | | 4 | 屏门立缝均匀 | | 2 | | |

| 施工单位检查评定结果 | 主控项目 | |
|---|---|---|
| | 一般项目 | |
| | 项目专业质量检查员：<br>项目专业质量（技术）负责人：<br><br>年　月　日 | |
| 监理（建设）单位验收结论 | 监理工程师或建设单位项目技术负责人：<br><br>年　月　日 | |

# 第八节　木楼梯制作与安装

一、木楼梯用料的树种、材质等级、含水率及防虫、防腐处理等必须符合设计要求。

检验方法：观察检查，检查测定记录。

二、木楼梯制作、安装质量应符合以下规定：

踢板、踩板做榫，楼梯帮打眼、剔做包掩应符合设计要求；板表面光平，无明显疵病；栏杆扶手制作坚固，无明显疵病；整座楼梯安装坚实牢固，无明显疵病。

检查数量：按批量检查，不少于一个检验批，不少于1座。

检验方法：观察检查，用手推动。

三、各种木楼梯制作与安装验收记录表

表 12-8-1

| 工程名称 | | | 分项工程名称 | | 验收部位 | | | |
|---|---|---|---|---|---|---|---|---|
| 施工单位 | | | | | 项目经理 | | | |
| 执行标准名称及编号 | | | | | 专业工长 | | | |
| 分包单位 | | | | | 施工班组长 | | | |
| 质量验收规范的规定、检验方法：观察检查、实测检查 | | | | | | 施工单位检查评定记录 | | 监理（建设）单位验收记录 |
| 主控项目 | 各种木楼梯制作与安装工程 | 木楼梯用料的树种、材质等级、含水率及防虫，防腐处理等必须符合设计要求 | | | | | | |
| 一般项目 | | 木楼梯制作、安装质量应符合以下规定：<br>踢板、踩板做榫，楼梯帮打眼、剔做包掩应符合设计要求；板表面光平，无明显疵病；栏杆扶手制作坚固，无明显疵病；整座楼梯安装坚实牢固，无明显疵病 | | | | | | |
| | | 序号 | 项　目<br>各种木楼梯制作与安装 | 允许偏差（mm） | 实测值（mm）<br>1 2 3 4 5 6 7 8 9 10 | | 合格率（%） | |
| | | 1 | 栏杆垂直度 | 2 | | | | |
| | | 2 | 扶手顺直度 | 2 | | | | |
| 施工单位检查评定结果 | 主控项目 | | | | | | | |
| | 一般项目 | | | | | | | |
| | 项目专业质量检查员：<br>项目专业质量（技术）负责人：<br><br>　　　　　　　　　　　年　　月　　日 | | | | | | | |
| 监理（建设）单位验收结论 | 监理工程师或建设单位项目技术负责人：<br><br>　　　　　　　　　　　年　　月　　日 | | | | | | | |

# 第九节　天花、藻井制作与安装

一、天花、藻井的制作必须符合设计要求或不同朝代的做法和特点。

检验方法：观察检查或与原文物对照。

二、井口天花制作应符合以下规定：

天花支条线条直顺，表面光平，天花板拼缝严实，穿带牢固，表面平整。

检查数量：按批量检查，不少于一个检验批，按自然间抽查10％，但不少于1间。

检验方法：观察检查。

三、天花、藻井制作与安装应符合以下规定：

各部件制作应符合设计要求，工艺较精细，无明显疵病，安装牢固，起拱按设计要求或按短向跨度的1/200，整体效果较好；吊杆牢固，数量、位置符合设计要求。

检验方法：观察检查。

四、天花、藻井安装允许偏差和检验方法应符合以下规定。

检验数量：按批量检查，不少于一个检验批，按自然间抽查10％，不少于1间。

检验方法：

1. 井口天花安装支条直顺——以间为单位拉线尺量。

2. 井口天花支条起拱——与设计要求对照，以间为单位拉线尺量。

3. 海墁天花起拱——与设计要求对照，以间为单位拉线尺量。

(a) 天花藻井

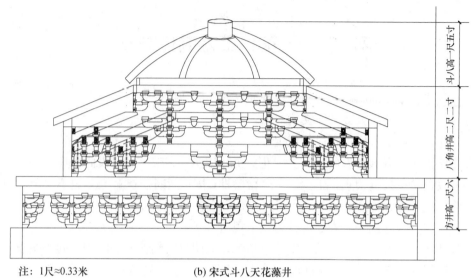

注：1尺≈0.33米　　　　　(b) 宋式斗八天花藻井

图 12.9.1　天花、藻井示意图

## 五、各种天花、藻井制作与安装验收记录表

表 12-9-1

| 工程名称 | | 分项工程名称 | | 验收部位 | |
|---|---|---|---|---|---|
| 施工单位 | | | | 项目经理 | |
| 执行标准名称及编号 | | | | 专业工长 | |
| 分包单位 | | | | 施工班组长 | |

| | | 质量验收规范的规定、检验方法：观察检查、实测检查 | 施工单位<br>检查评定记录 | 监理（建设）<br>单位验收记录 |
|---|---|---|---|---|
| 主控项目 | 各种天花、藻井的制作与安装工程 | 天花、藻井的制作必须符合设计要求或不同朝代的做法和特点<br>检验方法：观察检查或与原文物对照 | | |
| 一般项目 | | 1. 井口天花制作应符合以下规定：<br>天花支条线条光洁直顺，表面光平，肩角严密，天花板拼缝严实，穿带牢固，表面光平、无疵病<br>2. 天花、藻井制作与安装应符合以下规定：<br>各部件制作符合设计要求，工艺精细，斗拱、贴落雕饰光洁美观，无疵病，安装牢固；起拱按设计要求或按短向跨度的1/200，整体效果美观，吊杆牢固，数量、位置符合设计要求 | | |

| 序号 | 项目 | 允许偏差<br>（mm） | 实测值（mm） | | | | | | | | | | 合格率<br>（%） |
|---|---|---|---|---|---|---|---|---|---|---|---|---|---|
| | | | 1 | 2 | 3 | 4 | 5 | 6 | 7 | 8 | 9 | 10 | |
| 1 | 井口天花安装支条直顺 | 8 | | | | | | | | | | | |
| 2 | 井口天花支条起拱 | ±10 | | | | | | | | | | | |
| 3 | 海墁天花起拱 | ±10 | | | | | | | | | | | |

续表

| | 主控项目 | |
|---|---|---|
| 施工单位检查<br>评定结果 | 一般项目 | |
| | 项目专业质量检查员：<br>项目专业质量（技术）负责人：<br>　　　　　　　　　　　　　　　　　　　　年　　月　　日 | |
| 监理（建设）单位<br>验收结论 | 监理工程师或建设单位项目技术负责人：<br>　　　　　　　　　　　　　　　　　　　　年　　月　　日 | |

# 第十节　木装修雕刻

一、木装修雕刻包括室内外所有木装修或与木装修直接有关的雕刻项目。

二、雕刻用料必须符合设计要求。

三、雕刻花纹、风格必须符合设计要求或不同朝代的做法及艺术特点。

检验方法：观察检查或与设计对照。

四、阴纹线雕应符合以下规定：

花纹符合设计要求，线条流畅，字雕不走形。

检查数量：按批量检查，不少于一个检验批，抽查10％，但不少于2件。

检验方法：观察检查。

五、落地雕刻应符合以下规定：

图案符合设计要求，落地无明显不平，线条流畅，凸起部分层次迭落分明。

检查数量：按批量检查，不少于一个检验批，抽查10％，但不少于2件。

检验方法：观察检查。

六、单层次双面透雕（花牙子等）应符合以下规定：

镂活符合样板，双面花纹一致，无明显错位，线条流畅，表层花纹迭落层次分明，无明显疵病。

检查数量：按批量检查，不少于一个检验批，抽查10％，但不少于2件。

检验方法：观察检查。

七、多层次双面透雕（花罩等）应符合以下规定：

各层次花纹分布合理，空隙均匀，各层花纹迭落，缠绕关系清楚，表面花纹清晰，无明显疵病和刀痕。

检查数量：按批量检查，不少于一个检验批，抽查10％，但不少于1件。

检验方法：观察检查。

八、贴雕应符合以下规定：

花纹美观，表层层次脉络清楚，与底板粘贴牢固。

检查数量：按批量检查，不少于一个检验批，抽查10％，但不少于2件。

检验方法：观察检查。

九、嵌雕（龙头、凤头、花头等）应符合以下规定：

本身形象准确，与嵌接部分衔接自然，无明显不顺畅。

检查数量：按批量检查，不少于一个检验批，抽查10％，但不少于1件。

检验方法：观察检查。

(a) 风摆荷叶

(b) 菊花垂柱、镂空雕花篮头、象拖轩梁

图 12.10.1　木装修、木雕刻

## 十、各种木装修雕刻、室内外木装修、与木装修直接有关的雕刻验收记录表

表 12-10-1

| 工程名称 | | 分项工程名称 | | 验收部位 | |
|---|---|---|---|---|---|
| 施工单位 | | | | 项目经理 | |
| 执行标准名称及编号 | | | | 专业工长 | |
| 分包单位 | | | | 施工班组长 | |
| 质量验收规范的规定、检验方法：观察检查、实测检查 | | | | 施工单位检查评定记录 | 监理（建设）单位验收记录 |

| 主控项目 | 雕刻用料必须符合设计要求；雕刻花纹、风格必须符合设计要求或不同朝代的做法及艺术特点 | | |
|---|---|---|---|
| 一般项目 | 各种木装修雕刻，包括室内外所有木装修或与木装修直接有关的雕刻项目 | 1. 阴纹线雕、落地雕刻、单层次双面透雕（花牙子等）应符合以下规定：<br>（1）花纹符合设计要求，线条优美流畅，刀法讲究，有艺术特色，字雕忠于字样，不走形<br>（2）图案符合设计要求，落地平整光洁，凸起部分层次分明，线条流畅优美，有艺术特色<br>（3）镂活符合样板，双面花纹一致，不错位，线条流畅，表层花纹迭落缠绕层次分明，无疵病<br>2. 多层次双面透雕（花罩等）应符合以下规定：<br>各层次花纹分布合理，空隙均匀，各层次花纹迭落缠绕关系清楚，表层花纹清晰，刀法讲究，无刀痕，无疵病，有艺术特色<br>3. 嵌雕（龙头、凤头、花头等）及贴雕应符合以下规定：<br>本身形象准确、生动，与嵌接部分衔接自然顺畅，刀法讲究，有艺术特色 | | |

| 序号 | 项 目 | 允许偏差（mm） | 实测值（mm） | | | | | | | | | | | 合格率（%） |
|---|---|---|---|---|---|---|---|---|---|---|---|---|---|---|
| | | | 1 | 2 | 3 | 4 | 5 | 6 | 7 | 8 | 9 | 10 | | |
| 1 | | | | | | | | | | | | | | |
| 2 | | | | | | | | | | | | | | |
| 3 | | | | | | | | | | | | | | |

| 施工单位检查评定结果 | 主控项目 | |
|---|---|---|
| | 一般项目 | |
| | 项目专业质量检查员：<br>项目专业质量（技术）负责人：<br><br>年　月　日 | |
| 监理（建设）单位验收结论 | 监理工程师或建设单位项目技术负责人：<br><br>年　月　日 | |

# 第十一节　木装修修缮

一、古建木装修的修缮必须符合修缮设计要求，构件的配换、式样及构造做法必须遵循"不改变原状"的原则。

检验方法：观察检查或与设计对照。

二、槛框、榻板修配换件应符合以下规定：

尺寸、做法与原件一致，表面无明显疵病，安装平、直、顺、剔凿挖补部分与旧件嵌接牢固，接槎平顺。

检验方法：观察检查与拉线检查。

三、装修边梃、抹头、裙板、绦环板应符合以下规定：

重做的边梃、抹头与原有边框一致，线条交圈、榫卯基本饱满，无松动，尺寸准确。

检查数量：按批量检查，不少于一个检验批，抽查10％，但不少于1扇。

检查方法：观察检查。

四、仔屉、菱花、棂条修缮应符合以下规定：

添配的仔屉或棂条与原构件一致，棂条空档大小均匀，卡子、团花安装牢固，菱花纹顺畅，卡腰榫卯牢固，无明显疵病。

检验方法：观察检查。

五、坐凳、倒挂楣子修缮应符合以下规定：

修配的楣子，其尺寸、棂条、边框、花饰与原件一致，安装平齐，高低出入一致，无明显疵病。

检验方法：观察检查。

六、栏杆修缮应符合以下规定：

修配部分与原件一致，安装牢固，无明显疵病。

检查数量：按批量检查，不少于一个检验批，抽查10％，但不少于1樘。

检验方法：观察，用力推动。

七、什锦窗修缮应符合以下规定：

修配部分与原件一致，边框、仔屉、棂条无明显疵病，安装符合要求。

检查数量：按批量检查，不少于一个检验批，抽查10％，但不少于1樘。

检验方法：观察检查。

八、大门、槅扇、槛窗修缮应符合以下规定：

配换部分与原件一致，安装牢固，开启方便，水平缝、垂直缝、掩缝符合要求，铜铁饰件安装齐全、牢固，表面无明显疵病。

检查数量：按批量检查，不少于一个检验批，抽查10％，但不少于1樘。

检验方法：观察检查。

九、天花、藻井修缮应符合以下规定：

修配部分应与原件一致，新旧衔接自然，安装牢固，起拱高度符合要求，雕饰线条流畅，与原有花纹一致，表面无明显疵病。

检查数量：按批量检查，不少于一个检验批，抽查10％，但不少于1间。

检验方法：观察与拉线检查。

十、各种木装修修缮、室内外木装修、与木装修直接有关的雕刻验收记录表

表 12-11-1

| 工程名称 | | 分项工程名称 | | 验收部位 | |
|---|---|---|---|---|---|
| 施工单位 | | | | 项目经理 | |
| 执行标准名称及编号 | | | | 专业工长 | |
| 分包单位 | | | | 施工班组长 | |
| 质量验收规范的规定、检验方法：观察检查、实测检查 | | | | 施工单位<br>检查评定记录 | 监理（建设）<br>单位验收记录 |
| 主控项目 | 各种木装修修缮、室内外所有木装修雕刻项目 | 古建木装修的修缮必须符合修缮设计要求，构件的配换、式样及构造做法必须遵循"不改变原状"的原则 | | | |
| 一般项目 | 各种木装修修缮、室内外所有木装修或与木装修直接有关的雕刻项目 | 1. 槛框、榻板修配换件；装修边梃、抹头、裙板、绦环板；仔屉、菱花、棂条修缮；坐凳、倒挂楣子修缮应符合以下规定：<br>（1）尺寸、做法与原件一致，表面无明显疵病，安装平、直、顺，剔凿挖补部分与旧件嵌接牢固，接槎平顺<br>（2）重做的边梃、抹头与原有边框完全一致，线条交圈顺畅，榫卯饱满，无松动，尺寸准确<br>（3）添配的仔屉或棂条与原构件完全一致，棂条空档大小均匀，卡子花、团花安装牢固无松动；菱花纹交圈顺畅，卡腰榫卯严实牢固，无疵病<br>（4）修配的楣子，其尺寸、棂条、边框、花饰与原件一致，安装平齐，高低出入一致，无明显疵病<br>2. 栏杆修缮，什锦窗修缮，大门、槅扇、槛窗修缮应符合以下规定：<br>（1）修配部分与原件一致，安装牢固，无明显疵病<br>（2）修配部分与原件一致，边框、仔屉、棂条无明显疵病，安装符合要求<br>（3）配换部分与原件一致，安装牢固，开启方便，水平缝、垂直缝、掩缝符合要求，铜铁饰件安装齐全、牢固、表面无明显疵病<br>（4）天花、藻井修缮应符合以下规定：<br>修配部分应与原件一致，新旧衔接自然，安装牢固，起拱高度符合要求，雕饰线条流畅，与原有花纹一致，表面无明显疵病 | | | |

| 序号 | 项目 | 允许偏差（mm） | 实测值（mm） | | | | | | | | | | | 合格率（％） |
|---|---|---|---|---|---|---|---|---|---|---|---|---|---|---|
| | | | 1 | 2 | 3 | 4 | 5 | 6 | 7 | 8 | 9 | 10 | |
| 1 | | | | | | | | | | | | | |
| 2 | | | | | | | | | | | | | |
| 3 | | | | | | | | | | | | | |

| 施工单位检查评定结果 | 主控项目 | |
|---|---|---|
| | 一般项目 | |
| | 项目专业质量检查员：<br>项目专业质量（技术）负责人：<br><br>　　　　　　　　　　年　　月　　日 | |
| 监理（建设）单位验收结论 | 监理工程师或建设单位项目技术负责人：<br><br>　　　　　　　　　　年　　月　　日 | |

# 第十三章　油漆彩画地仗工程

## 第一节　一般规定

一、地仗工程所选用材料的品种、规格和颜色必须符合设计要求和现行材料标准的规定。材料进场后应验收，没有合格证的材料应抽样检验，合格后方可使用。

二、地仗材料的配比，原材料、熬制材料和自加工材料的计量、搅拌，必须符合古建筑传统操作规则。

三、地仗工程指以下三种做法：

1.上架大木和下架大木的使麻糊布做法；

2.四道灰、三道灰以及二道灰做法；

3.修补地仗做法。

四、地仗工程做法宜符合以下操作程序：

1.使麻糊布地仗：

砍净挠白、剁斧迹、撕缝、下竹钉或楦缝、除锈、汁浆、捉缝灰、通灰（扫荡灰）、使麻（粘麻）、糊布、压麻灰、压布灰、中灰、细灰、磨细灰和钻生油。

2.四道灰和三道灰地仗：

砍净挠白、剁斧迹、撕缝、楦缝除锈、汁浆、捉缝灰、通灰（三道灰减此道工序）、中灰、细灰、磨细灰和钻生油。

3.二道灰地仗：

除铲、汁浆（操油）、捉中灰、找细灰或满细灰、操油。

4.修补地仗：

局部挖补砍活、找补操底油、找被捉灰和通灰、找补使麻糊布、找补压麻灰或压布灰、找补中、细灰、磨细灰和钻生油。

检查数量：按批量检查，不少于一个检验批，室内外，按有代表性的自然间抽查20％，但不少于3间；独立式建筑物，如亭子、牌楼、木塔和垂花门等按座检查。

检验方法：观察、手摸及拉线检查。

## 第二节　使麻、糊布地仗工程

一、使麻、糊布地仗工程包括一布四灰、一布五灰、一麻六灰、一麻一布六灰和两麻一布七灰等。

二、各遍灰之间及地仗灰与基层之间必须粘结牢固，无脱层、空鼓、崩秧、翘皮和裂缝等缺陷。生油必须钻透，不得挂甲。

三、使麻糊布地仗表面应符合以下规定：

大面平整光滑、小面光滑，棱角基本直顺，细灰接槎平顺，颜色均匀。大面不得有砂眼、小面允许有少量轻微砂眼，无龟裂，表面基本洁净。

四、轧线应符合以下规定：

线口基本直顺，宽窄一致，线角通顺，略有不平，曲线自然流畅，线肚无断裂。

检查数量：按批量检查，不少于一个检验批，抽查10％，但不少于1开间。

检查方法：观察、手摸及拉线检查。

五、各种使麻、糊布地仗工程验收记录表

表 13-2-1

| 工程名称 | | 分项工程名称 | | 验收部位 | |
|---|---|---|---|---|---|
| 施工单位 | | | | 项目经理 | |
| 执行标准名称及编号 | | | | 专业工长 | |
| 分包单位 | | | | 施工班组长 | |
| 质量验收规范的规定、检验方法：观察检查、实测检查。 | | | 施工单位<br>检查评定记录 | 监理（建设）单位验收记录 | |
| 主控项目 | | 使麻、糊布地仗工程包括一布四灰、一布五灰、一麻六灰、一麻一布六灰和两麻一布七灰等地仗工程<br><br>各遍灰之间及地仗灰与基层之间必须粘结牢固，无脱层、空鼓、崩秧、翘皮和裂缝等缺陷。生油必须钻透，不得挂甲 | | | |

| 一般项目 | 各种使麻、糊布地仗工程 | 1. 使麻、糊布地仗表面应符合以下规定：<br>大面平整光滑、小面光滑，棱角基本直顺，细灰接槎平顺，颜色均匀。大面不得有砂眼、小面允许有少量轻微砂眼，无龟裂，表面基本洁净<br>二、轧线应符合以下规定：<br>线口基本直顺，宽窄一致，线角通顺，略有不平，曲线自然流畅，线肚无断裂 | | | |

| | | 序号 | 项 目 | 允许偏差<br>（mm） | 实测值（mm） | | | | | | | | | | 合格率（％） |
|---|---|---|---|---|---|---|---|---|---|---|---|---|---|---|---|
| | | | | | 1 | 2 | 3 | 4 | 5 | 6 | 7 | 8 | 9 | 10 | |
| | | 1 | | | | | | | | | | | | | |
| | | 2 | | | | | | | | | | | | | |
| | | 3 | | | | | | | | | | | | | |

| 施工单位检查评定结果 | 主控项目 | |
|---|---|---|
| | 一般项目 | |
| | 项目专业质量检查员：<br>项目专业质量（技术）负责人：<br><br>年 月 日 | |
| 监理（建设）单位验收结论 | 监理工程师或建设单位项目技术负责人：<br><br>年 月 日 | |

# 第三节　单披灰地仗工程

一、各遍灰之间及地仗灰与基层之间必须粘结牢固，无脱层、空鼓、翘皮和裂缝等缺陷。生油必须浸透，不得挂甲。

二、四道灰、三道灰表面质量应符合以下规定：

1. 连檐瓦口：表面基本平整光滑，水缝直顺，接槎平顺，棱角整齐。

2. 椽头：方椽头方正，不得缺棱短角；圆椽头边缘整齐成圆形，表面光滑，无砂眼和龟裂。

3. 椽子望板：表面光滑平整，望板错槎借平；椽秧、椽根勾抹密实，光滑整齐，无疙瘩灰，无龟裂，椽棱直顺。

4. 斗拱：表面光滑，棱角整齐，无砂眼，无较大龟裂。

5. 花活：花纹纹理层次清楚，秧角整齐，不得窝灰，纹理不乱；表面光滑，大边、仔边整齐。

6. 上下架大木：表面基本平整光滑，棱角直顺，细灰接槎基本平顺，无较大砂眼和龟裂；表面基本洁净。

三、二道灰表面质量应符合以下规定：

表面光滑，棱角整齐，无较大砂眼和龟裂，操油不得遗漏。

检查数量：按批量检查，不少于一个检验批，抽查10％，但不少于1间。

检查方法：观察、手摸及拉线检查。

四、各种单披灰地仗验收记录表

表 13-3-1

| 工程名称 | | 分项工程名称 | | 验收部位 | |
|---|---|---|---|---|---|
| 施工单位 | | | | 项目经理 | |
| 执行标准名称及编号 | | | | 专业工长 | |
| 分包单位 | | | | 施工班组长 | |
| 质量验收规范的规定、检验方法：观察检查、实测检查 | | | 施工单位检查评定记录 | 监理（建设）单位验收记录 | |
| 主控项目 | 各种单披灰地仗工程 | 各遍灰之间及地仗灰与基层之间必须粘结牢固，无脱层、空鼓、翘皮和裂缝等缺陷。生油必须钻透，不得挂甲 | | | |

续表

| 一般项目 | 各种单拔灰地仗工程 | 1. 四道灰、三道灰表面质量应符合以下规定：<br>　（1）连檐瓦口：表面平整光滑，水缝直顺，接槎平整，棱角直顺整齐<br>　（2）椽头：方椽头四楞四角方正，不得缺棱短角；圆椽头边缘整齐，大小一致成圆形；表面平整光滑，无砂眼和龟裂<br>　（3）椽子望板：表面平整光滑，望板错槎借平；椽秧、椽根勾抹密实整齐，无疙瘩灰，无龟裂，椽棱直顺<br>　（4）斗拱：花表面平整光滑，棱角直顺整齐，无砂眼和龟裂<br>　（5）花活：花纹纹理层次清晰，秧角整齐，不得窝灰，纹理不乱，表面光滑平整，大边、仔边整齐直顺整齐<br>　（6）上下架大木：表面基本洁净，表面平整光滑，棱角直顺整齐，细灰接槎平顺，大小面无砂眼、无龟裂、表面洁净<br>2. 二道灰表面质量应符合以下规定：<br>表面光滑，棱角直顺整齐，大面无砂眼和龟裂，操油不得遗漏 | |

| 序号 | 项　　目 | 允许偏差<br>（mm） | 实测值（mm） | | | | | | | | | | 合格率<br>（%） |
|---|---|---|---|---|---|---|---|---|---|---|---|---|---|
| | | | 1 | 2 | 3 | 4 | 5 | 6 | 7 | 8 | 9 | 10 | |
| 1 | | | | | | | | | | | | | |
| 2 | | | | | | | | | | | | | |
| 3 | | | | | | | | | | | | | |

| 施工单位检查评定结果 | 主控项目 | |
|---|---|---|
| | 一般项目 | |
| | 项目专业质量检查员：<br>项目专业质量（技术）负责人：<br><br><br>　　　　　　　　　　　　　　　年　　　月　　　日 | |
| 监理（建设）单位验收结论 | 监理工程师或建设单位项目技术负责人：<br><br><br>　　　　　　　　　　　　　　　年　　　月　　　日 | |

# 第四节　修补地仗

一、修补使麻、糊布地仗和单皮灰地仗表面质量应符合以下规定：

新旧灰接槎处必须粘结牢固，各遍灰之间及地仗灰与基层之间粘结牢固，无脱层、空鼓和翘边；表面光滑，无较大砂眼和龟裂。

检查数量：按批量检查，不少于一个检验批，抽查 10%，但不少于 1 间。

检查方法：观察、手摸及拉线检查。

## 二、各种修补地仗验收记录表

**表 13-4-1**

| 工程名称 | | 分项工程名称 | | | 验收部位 | |
|---|---|---|---|---|---|---|
| 施工单位 | | | | | 项目经理 | |
| 执行标准名称及编号 | | | | | 专业工长 | |
| 分包单位 | | | | | 施工班组长 | |

| | | 质量验收规范的规定、检验方法：观察检查、实测检查 | 施工单位检查评定记录 | 监理（建设）单位验收记录 |
|---|---|---|---|---|
| 主控项目 | | 各遍灰之间及地仗灰与基层之间必须粘结牢固，无脱层、空鼓、翘皮和裂缝等缺陷。生油必须钻透，不得挂甲 | | |
| 一般项目 | 各种修补地仗工程 | 修补使麻、糊布地仗和单皮灰地仗表面质量应符合以下规定：<br>　新旧灰接槎处必须粘结牢固，各遍灰之间及地仗灰与基层之间粘结牢固，无脱层、空鼓和翘边；表面平整光滑，允许有轻微砂眼 | | |

| 序号 | 项　目 | 允许偏差（mm） | 实测值（mm） | | | | | | | | | | 合格率（%） |
|---|---|---|---|---|---|---|---|---|---|---|---|---|---|
| | | | 1 | 2 | 3 | 4 | 5 | 6 | 7 | 8 | 9 | 10 | |
| 1 | | | | | | | | | | | | | |
| 2 | | | | | | | | | | | | | |
| 3 | | | | | | | | | | | | | |

| 主控项目 | |
|---|---|
| 一般项目 | |

| 施工单位检查评定结果 | 项目专业质量检查员：<br>项目专业质量（技术）负责人：<br><br>　　　　　　　　　　　　　　年　　月　　日 |
|---|---|
| 监理（建设）单位验收结论 | 监理工程师或建设单位项目技术负责人：<br><br>　　　　　　　　　　　　　　年　　月　　日 |

# 第十四章 油饰工程

本章包括古建修建中油漆、粉刷、贴金、裱糊、大漆等装饰工程。

油漆、粉刷、贴金、裱糊和大漆工程中所选用材料的品种、规格和颜色，必须符合设计要求和现行材料标准的规定。材料进场后应验收，没有合格证的材料应抽样检验，合格后方可使用。

## 第一节 油漆工程

一、油漆工程包括混色油漆、清漆和加工光油以及木结构、木装修和花活的烫蜡、擦软蜡。

检查数量：按批量检查，不少于一个检验批，室内外按有代表性的自然间抽查20%，但不少于3间；独立式建筑物，如亭子、牌楼、木塔和垂花门等按座检查。

检验方法：观察，手摸检查。

二、混色油漆工程严禁脱色、漏刷、反锈、潮亮（倒光、超亮、油漆面无光亮）和顶生（反生，生油不干引起）。

三、清漆工程严禁漏刷、脱皮、斑渍和潮亮。

四、烫蜡、擦软蜡工程严禁在施工过程中烫坏木基层。

五、光油（自制调配的漆）油漆工程严禁脱皮、漏刷、潮亮和顶生。

六、混色油漆工程基本项目应符合表中规定。

（一）混色油漆工程基本项目表

1. 大面指上下架大木表面，槅扇、槛窗、支摘窗、横披、风门、屏门、大门和各种形式木装修里外面。

2. 小面指上下架大木枋上面，槅扇、槛窗等口边。

3. 小面明显处指视线所能见到的地方。

4. 高级做法指刷醇酸磁漆三遍。

5. 中级做法指刷醇酸调和漆二遍，醇酸磁漆罩面，光油三遍。

6. 普通做法指调和漆三遍。

7. 刷乳胶漆、无光漆和涂料，不检查光亮。

（二）清漆工程基本项目表

1. 高级做法指刷醇酸清漆、丙烯酸木器漆、清喷漆三种。

2. 中级做法指刷脂胶清漆、酚醛清漆二种。

3. 清漆工程基本项目应符合表14-1-3表的规定。

4. 上下架大木、木装修烫蜡、擦软蜡表面质量应符合以下规定：

（1）大木及木基层：蜡洒布均匀，无露底，明亮光滑，色泽均匀，木纹清楚，表面基本洁净，楠木保持原色。

（2）装修和花活：油色不混，本色无斑迹，无露底，明亮光滑，色泽一致，木纹清楚，楠木保持原色，表面基本洁净，大面无蜡柳。

七、混色油漆、清漆和加工光油以及木结构、木装修和花活的烫蜡、擦软蜡验收记录表

表 14-1-1

| 工程名称 | | | | 分项工程名称 | | | 验收部位 | | |
|---|---|---|---|---|---|---|---|---|---|
| 施工单位 | | | | | | | 项目经理 | | |
| 执行标准名称及编号 | | | | | | | 专业工长 | | |
| 分包单位 | | | | | | | 施工班组长 | | |

| 质量验收规范的规定、检验方法：观察检查、实测检查 | | | | | | | 施工单位检查评定记录 | 监理（建设）单位验收记录 |
|---|---|---|---|---|---|---|---|---|

<table>
<tr><td rowspan="4">主控项目</td><td rowspan="8">混色油漆、清漆和加工光油以及木结构、木装修和花活的烫蜡、擦软蜡工程</td><td colspan="6">1　混色油漆工程严禁脱色、漏刷、返锈、潮亮（倒光、超亮、油漆面无光亮）和顶生（返生、生油不干引起）</td><td></td><td></td></tr>
<tr><td colspan="6">2　清漆工程严禁漏刷、脱皮、斑渍和潮亮</td><td></td><td></td></tr>
<tr><td colspan="6">3　烫蜡、擦软蜡工程严禁在施工过程中烫坏木基层</td><td></td><td></td></tr>
<tr><td colspan="6">4　光油（自制调配的漆）油漆工程严禁脱皮、漏刷、潮亮和顶生</td><td></td><td></td></tr>
</table>

| | | 序号 | 项目 | 等级 | 质量要求 | | | 实测值 | 合格率 |
|---|---|---|---|---|---|---|---|---|---|
| 一般项目 | | | | | 普通 | 中级 | 高级 | 1 2 3 4 5 | （%） |
| | | 1 | 透底流坠脱皮 | 合格 | 大面有轻微流坠脱皮 | 大面无流坠、小面有轻微流坠，无透底皱皮 | 大面无流坠，小面明显处无透底皱皮 | | |
| | | 2 | 光亮和光滑 | 合格 | 大面光亮均匀一致 | 大面光亮、光滑、均匀一致，小面有轻微不光亮，光滑 | 光亮均匀一致，光滑，无挡手感 | | |
| | | 3 | 颜色刷纹 | 合格 | 大面颜色均匀 | 颜色一致，刷纹通顺 | 颜色一致，无明显刷纹 | | |

| 施工单位检查评定结果 | 主控项目 | |
|---|---|---|
| | 一般项目 | |
| | 项目专业质量检查员：<br>项目专业质量（技术）负责人：<br><br>　　　　　　　　　　　年　　月　　日 | |

| 监理（建设）单位验收结论 | 监理工程师或建设单位项目技术负责人：<br><br>　　　　　　　　　　　年　　月　　日 |
|---|---|

八、混色油漆、清漆和加工光油以及木结构、木装修和花活的烫蜡、擦软蜡验收记录表

表 14-1-2

| 工程名称 | | 分项工程名称 | | 验收部位 | |
|---|---|---|---|---|---|
| 施工单位 | | | | 项目经理 | |
| 执行标准名称及编号 | | | | 专业工长 | |
| 分包单位 | | | | 施工班组长 | |

| 质量验收规范的规定、检验方法：观察检查、实测检查 | | | 施工单位检查评定记录 | | 监理（建设）单位验收记录 | | | | |
|---|---|---|---|---|---|---|---|---|
| 一般项目 | 混色油漆、清漆和加工光油以及木结构、木装修和花活的烫蜡、擦软蜡工程 | 1. 符合设计要求<br>2. 符合传统配比<br>3. 符合传统工艺要求 | | | | | | |
| | | 混色油漆工程基本项目 | | | | | | |
| | | 序号 | 项目 | 等级 | 质量要求及允许偏差 | | | 合格率（%） |
| | | | | | 普通 | 中级 | 高级 | 实测值 | |

| 序号 | 项目 | 等级 | 普通 | | 中级 | | 高级 | | 实测值 | 合格率（%） |
|---|---|---|---|---|---|---|---|---|---|---|
| 1 | 分色裹楞 | 合格 | 大面无裹楞，小面允许偏差 3mm | | 大面无裹楞，小面允许偏差 2mm | | 大面无裹楞，小面允许偏差 1mm | | | |
| 2 | 檐椽肚高不小于椽径 2/3，檐椽肚长按椽长 | 合格 | 高 | 3 | 高 | 2 | 高 | 1 | | |
| | | | 长 | 4 | 长 | 3 | 长 | 2 | | |
| 3 | 檐椽或飞头露明部分 4/5 | 合格 | 高 | 3 | 高 | 2 | 高 | 1 | | |
| | | | 长 | 3 | 长 | 2 | 长 | 1 | | |
| | 椽肚后尾拉通线检查 | 合格 | 5mm | | 4mm | | 3mm | | | |
| | 五金、玻璃、墙面石活、地面、屋面 | 合格 | 基本洁净 | | 基本洁净 | | 五金、玻璃、洁净其他基本洁净 | | | |

| 施工单位检查评定结果 | 主控项目 | |
|---|---|---|
| | 一般项目 | |
| | 项目专业质量检查员：<br>项目专业质量（技术）负责人：<br><br>　　　　　　　　　　　　　　　　年　　月　　日 | |
| 监理（建设）单位验收结论 | 监理工程师或建设单位项目技术负责人：<br><br>　　　　　　　　　　　　　　　　年　　月　　日 | |

## 九、清漆和加工光油以及木结构、木装修和花活的烫蜡、擦软蜡验收记录表

表 14-1-3

| 工程名称 | | 分项工程名称 | | 验收部位 | |
|---|---|---|---|---|---|
| 施工单位 | | | | 项目经理 | |
| 执行标准名称及编号 | | | | 专业工长 | |
| 分包单位 | | | | 施工班组长 | |

| 质量验收规范的规定、检验方法：观察检查、实测检查 | | 施工单位检查评定记录 | 监理（建设）单位验收记录 |
|---|---|---|---|
| **主控项目** | 清漆和加工光油以及木结构、木装修和花活的烫蜡、擦软蜡工程 | 1. 上下架大木、木装修烫蜡、擦软蜡表面质量应符合以下规定：<br>（1）大木及木基层：蜡洒布均匀，无露底，明亮光滑，色泽均匀，木纹清楚，表面基本洁净，楠木保持原色<br>（2）装修和花活：油色不混，本色无斑迹，无露底，明亮光滑，色泽一致，木纹清楚，楠木保持原色，表面基本洁净，大面无蜡柳<br>2. 清漆工程基本项目应符合表中规定： | | |

| | | | | 质量要求及允许偏差 | | | | | | | 合格率（%） |
|---|---|---|---|---|---|---|---|---|---|---|---|
| | | 序号 | 项目 | 等级 | 中级 | 高级 | 实测值 | | | | |
| | | | | | | | 1 | 2 | 3 | 4 | 5 | |
| **一般项目** | | 1 | 木纹 | 合格 | 大面棕眼平，木纹清楚 | 棕眼平，木纹清楚 | | | | | | |
| | | 2 | 光亮和光滑 | 合格 | 光亮均匀、光滑 | 光亮、柔和、光滑 | | | | | | |
| | | 3 | 裹棱流坠和皱皮 | 合格 | 大面无，小面明显处有轻微裹棱、流坠，无皱皮 | 大小面明显处无 | | | | | | |
| | | 4 | 颜色、刷纹 | 合格 | 颜色一致，有轻微刷纹 | 大小面颜色一致，无刷纹 | | | | | | |
| | | 5 | 五金件、玻璃 | 合格 | 基本洁净 | 五金件洁净、玻璃基本洁净 | | | | | | |

| 施工单位检查评定结果 | 主控项目 | |
|---|---|---|
| | 一般项目 | |
| | 项目专业质量检查员：<br>项目专业质量（技术）负责人：<br><br>　　　　　　　　　　　　　　　　　年　　月　　日 | |

| 监理（建设）单位验收结论 | 监理工程师或建设单位项目技术负责人：<br><br>　　　　　　　　　　　　　　　　　年　　月　　日 |
|---|---|

注：1. 高级做法指刷醇酸清漆、丙烯酸木器漆、清喷漆三种。
　　2. 中级做法指刷脂胶清漆、酚醛清漆两种。

# 第二节 刷浆（喷浆）工程

一、刷浆（喷浆）工程包括大白浆、各种涂料、石灰浆、色浆等。

检查数量：按批量检查，不少于一个检验批，室内外按有代表性的自然间抽查20%，但不少于3间；独立式建筑物，如亭子，塔等按座检查。

检验方法：观察、手轻摸。

二、刷浆（喷浆）严禁掉粉、起皮、漏刷和透底。

三、墙面花边、色边、花纹和颜色必须符合设计要求，底层的质量必须符合刷浆相应等级的规定。

四、花墙边、以边质量应符合以下规定：线条均匀平直，颜色一致，无明显接头痕迹；接头错位不得大于2mm，纹理清晰。

五、大白浆、各种涂料、石灰浆、色浆验收记录表

表 14-2-1

<table>
<tr><td>工程名称</td><td></td><td>分项工程名称</td><td></td><td>验收部位</td><td></td></tr>
<tr><td>施工单位</td><td></td><td colspan="2"></td><td>项目经理</td><td></td></tr>
<tr><td>执行标准名称及编号</td><td></td><td colspan="2"></td><td>专业工长</td><td></td></tr>
<tr><td>分包单位</td><td></td><td colspan="2"></td><td>施工班组长</td><td></td></tr>
<tr><td colspan="4">质量验收规范的规定、检验方法：观察检查、实测检查</td><td>施工单位<br>检查评定记录</td><td>监理（建设）单位验收记录</td></tr>
<tr><td rowspan="10">主控项目<br><br><br>一般项目</td><td rowspan="10">大白浆、各种涂料、石灰浆、色浆等工程</td><td colspan="4">1. 刷浆（喷浆）严禁掉粉、起皮、漏刷和透底</td></tr>
</table>

<table>
<tr>
<td rowspan="2">序号</td><td rowspan="2">项目</td><td rowspan="2">等级</td><td colspan="3">质量要求及允许偏差</td><td colspan="5">实测值</td><td rowspan="2">合格率（%）</td>
</tr>
<tr>
<td>普通</td><td>中级</td><td>高级</td><td>1</td><td>2</td><td>3</td><td>4</td><td>5</td>
</tr>
<tr>
<td>1</td><td>反碱咬色</td><td>合格</td><td>有少量咬色，不超过5处</td><td>有少量咬色，不超过3处</td><td>明显处无</td><td></td><td></td><td></td><td></td><td></td><td></td>
</tr>
<tr>
<td>2</td><td>喷点、刷纹</td><td>合格</td><td>2m正视，无明显缺陷</td><td>1.5m正视，喷点均匀，刷纹通顺</td><td>1.5m正视，喷点均匀，刷纹通顺</td><td></td><td></td><td></td><td></td><td></td><td></td>
</tr>
</table>

主控项目：

2. 墙面花边、色边、花纹和颜色必须符合设计要求，底层的质量必须符合刷浆相应等级的规定

3. 花墙边、色边质量线条均匀平直，颜色一致，无明显接头痕迹；接头错位不得大于2mm，纹理清晰

刷浆（喷浆）基本项目应符合以下规定

续表

| 序号 | 项目 | 等级 | 质量要求及允许偏差 | | | 实测值 | | | | | 合格率 (%) |
|---|---|---|---|---|---|---|---|---|---|---|---|
| | | | 普通 | 中级 | 高级 | 1 | 2 | 3 | 4 | 5 | |
| 3 | 流坠、疙瘩、溅浆（落浆） | 合格 | 少量，不超过5处 | 少量，不超过3处 | 明显处无 | | | | | | |
| 4 | 颜色、砂眼、划痕 | 合格 | 颜色基本一致，2m正视不花 | 颜色基本一致，1.5m正视不花，少量砂眼，划痕不超过5处 | 正视颜色一致，少量砂眼，划痕不超过2处 | | | | | | |
| 5 | 装修、下架大木、五金灯具、玻璃 | 合格 | 基本洁净 | 基本洁净 | 装修洁净，其他基本洁净 | | | | | | |

一般项目：大白浆、各种涂料、石灰浆、色浆等工程

| 主控项目 | |
|---|---|
| 一般项目 | |

| 施工单位检查评定结果 | 项目专业质量检查员：<br>项目专业质量（技术）负责人：<br><br><div align="right">年　月　日</div> |
|---|---|
| 监理（建设）单位验收结论 | 监理工程师或建设单位项目技术负责人：<br><br><div align="right">年　月　日</div> |

注：本表第4项划痕指披腻子、磨砂纸的遗留痕迹。

# 第三节　贴金工程

一、贴金工程包括施用库金箔、赤金箔、铜箔、铝箔、合金箔等彩画贴金、牌匾贴金、框线贴金、槅扇与槛窗棂花扣贴金、山花梅花钉贴金、绶带贴金、壁画彩塑贴金和室内外新式彩画贴金工程。

检查数量：按批量检查，不少于一个检验批，室内外按有代表性的自然间抽查20%，但不少于3间；独立式建筑物，如亭子、牌楼、木塔和垂花门等按座检查。

检验方法：除注明者外，观察、手摸检查。

二、贴金工程应先打磨砂纸，然后打金胶油两道，贴金。

三、贴金箔、铝箔、铜箔等应与金胶油粘结牢固，无脱层、空鼓、崩秧、裂缝等缺陷。

四、贴金表面应符合以下规定：

色泽基本一致，光亮，不花；不得有绽口、漏贴，金胶油不得有流坠、泅、皱皮等缺陷。

五、框线和各种线贴金和油表面应符合以下规定：

线条直顺整齐，弧线基本流畅，不得脏活，其他项目应符合上述规定。

六、施用库金箔、赤金箔、铜箔、铝箔、合金箔等彩画贴金验收记录表

表 14-3-1

| 工程名称 | | | 分项工程名称 | | | 验收部位 | | |
|---|---|---|---|---|---|---|---|---|
| 施工单位 | | | | | | 项目经理 | | |
| 执行标准名称及编号 | | | | | | 专业工长 | | |
| 分包单位 | | | | | | 施工班组长 | | |
| 质量验收规范的规定、检验方法：观察检查、实测检查 | | | | | 施工单位<br>检查评定记录 | | 监理（建设）单位验收记录 | |
| 主控项目 | 贴金工程 | 　1. 贴金箔、铝箔、铜箔等应与金胶油粘结牢固，无脱层、空鼓、崩秧、裂缝等缺陷。<br>　2. 贴金表面应符合以下规定：色泽基本一致，光亮、不花；不得有绽口、漏贴，金胶油不得有流坠、泅、皱皮等缺陷<br>　框线和各种线贴金和油表面应符合以下规定：线条直顺整齐，弧线基本流畅，不得脏活 | | | | | | |

| | | 序号 | 项目 | 质量要求及允许偏差 | | 实测值 | | | | | 合格率（%） |
|---|---|---|---|---|---|---|---|---|---|---|---|
| 一般项目 | | | | | | 1 | 2 | 3 | 4 | 5 | |
| | | 1 | | | | | | | | | |
| | | 2 | | | | | | | | | |

| | 主控项目 | |
|---|---|---|
| | 一般项目 | |

| 施工单位检查评定结果 | 项目专业质量检查员：<br>项目专业质量（技术）负责人：<br><br>　　　　　　　　　　　　　　　年　　月　　日 |
|---|---|
| 监理（建设）单位验收结论 | 监理工程师或建设单位项目技术负责人：<br><br>　　　　　　　　　　　　　　　年　　月　　日 |

# 第四节　裱糊工程

一、裱糊工程包括大白纸、高丽纸、银化纸、丝绸面料等的裱糊工程。

检查数量：按批量检查，不少于一个检验批，室内按有代表性的自然间抽查20％，不少于3间。

检验方法：观察、手摸检查。

二、各种纸面、丝绸面与底子之间及底子纸与基层之间必须粘结牢固，无脱层、空鼓、翘皮、崩秧和油口等缺陷。

三、裱糊面层应符合以下规定：

纸面、丝绸面色泽基本一致，无明显斑痕。

四、各幅张拼接应符合以下规定：

横平竖直，图案端正，花纹基本吻合；阴角处搭接，阳角处无接缝，2m处正视不显接缝，搭接时，搭接宽度不得大于5mm。

五、大白纸、高丽纸、银花纸、丝绸面料等的裱糊验收记录表

表 14-4-1

| 工程名称 | | 分项工程名称 | | 验收部位 | |
|---|---|---|---|---|---|
| 施工单位 | | | | 项目经理 | |
| 执行标准名称及编号 | | | | 专业工长 | |
| 分包单位 | | | | 施工班组长 | |
| 质量验收规范的规定、检验方法：观察检查、实测检查 | | | 施工单位<br>检查评定记录 | 监理（建设）单位验收记录 | |
| 主控项目 | 大白纸、高丽纸、银花纸、丝绸面料等的裱糊工程 | 1. 各种纸面、丝绸面与底子之间及底子纸与基层之间必须粘结牢固，无脱层、空鼓、翘皮、崩秧和油口等缺陷<br>裱糊面层应符合以下规定：<br>1. 纸面、丝绸面色泽基本一致，无明显斑痕，正斜视无斑痕<br>2. 各幅张拼接应符合以下规定：<br>横平竖直，图案端正，花纹基本吻合；阴角处搭接，阳角处无接缝，2m处正视不显接缝；搭接时，搭接宽度不得大于5mm | | | |

续表

| 一般项目 | 大白纸、高丽纸、银花纸、丝绸面料等的裱糊工程 | 序号 | 项目 | 质量要求及允许偏差 | 实测值 | | | | | 合格率（％） |
|---|---|---|---|---|---|---|---|---|---|---|
| | | | | | 1 | 2 | 3 | 4 | 5 | |
| | | 1 | | | | | | | | |
| | | 2 | | | | | | | | |
| | | 3 | | | | | | | | |
| | | 4 | | | | | | | | |

| 施工单位检查评定结果 | 主控项目 | |
|---|---|---|
| | 一般项目 | |
| | 项目专业质量检查员：<br>项目专业质量（技术）负责人：<br><br>　　　　　　　　　　　　　年　月　日 | |

| 监理（建设）单位验收结论 | 监理工程师或（建设）单位项目技术负责人：<br><br>　　　　　　　　　　　　　年　月　日 |
|---|---|

# 第五节　大漆工程

一、大漆工程包括生漆、广漆、推光漆等的施工。

检查数量：按批量检查，不少于一个检验批，抽查20％，但不少于1件。

检验方法：观察、手摸检查。

二、大漆工程严禁出现漏刷、脱皮、空鼓、裂缝等缺陷。

三、生漆、广漆、推光漆等大漆的工程验收记录表

表 14-5-1

| 工程名称 | | 分项工程名称 | | 验收部位 | |
|---|---|---|---|---|---|
| 施工单位 | | | | 项目经理 | |
| 执行标准名称及编号 | | | | 专业工长 | |
| 分包单位 | | | | 施工班组长 | |
| 质量验收规范的规定、检验方法：观察检查、实测检查 | | | 施工单位检查评定记录 | 监理（建设）单位验收记录 | |
| 主控项目 | 大漆工程 | 大漆工程严禁出现漏刷、脱皮、空鼓、裂缝等缺陷 | | | |

续表

| 一般项目 | | 序号 | 项目 | 等级 | 中级 | 高级 | 实测点 | | | | | 合格率（%） |
|---|---|---|---|---|---|---|---|---|---|---|---|---|
| | | | | | | | 1 | 2 | 3 | 4 | 5 | |
| 一般项目 | 大漆工程 | 1 | 流坠和皱皮 | 合格 | 大面无流坠、小面有轻微流坠 | 大面无流坠、皱皮，小面明显处无流坠、皱皮 | | | | | | |
| | | 2 | 光亮和光滑 | 合格 | 大面光亮、光滑、小面有轻微缺陷 | 光亮、均匀，光滑无挡手感 | | | | | | |
| | | 3 | 颜色和刷纹 | 合格 | 刷纹颜色一致，无明显纹路，刷纹通顺 | 颜色一致、刷纹通顺 | | | | | | |
| | | 4 | 刻痕和针孔 | 合格 | 大面无，小面不超过三处 | 大面无，小面不超过2处 | | | | | | |
| | | 5 | 五金玻璃 | 合格 | 基本洁净 | | | | | | | |

| 施工单位检查评定结果 | 主控项目 | |
|---|---|---|
| | 一般项目 | |
| | 项目专业质量检查员：<br>项目专业质量（技术）负责人：<br><br><br>年　　　月　　　日 | |

| 监理（建设）单位验收结论 | 监理工程师或建设单位项目技术负责人：<br><br><br>年　　　月　　　日 |
|---|---|

# 第十五章　彩画工程

## 第一节　一般规定

一、彩画质量检验包括：文物古建筑彩画复原工程；仿古建筑彩画工程；各种新式彩画工程；各种传统壁画工程。

检查数量：按批量检查，不少于一个检验批，室内按有代表性的自然间抽查20%，但不少于3间。

检查方法：观察、手摸检查。

二、彩画工程的施工及质量要求应符合以下规定：

1. 施工程序应按以下规定进行：磨生、过水、分中、拍谱子、沥粉、刷色、包胶、晕色、大粉、黑老。不同彩画可按设计要求增减程序，但应包括前四项。

2. 凡相同、对称、重复运用的图案，均应事先起谱子（放样）。

3. 彩画的颜料调兑应集中进行并设室内材料房。

4. 凡彩画直线道必须上尺操作。

5. 二层以上色彩重叠进行作染操作必须过矾水。

6. 使用乳胶及乳胶漆调料，应按产品说明书的规定进行。

7. 应符合各节规定的具体操作方法。

三、彩画基层必须坚实、牢固、平整、棱角整齐，无孔洞、裂缝、生油挂甲等现象。

四、新式彩画施工必须按色标颜色进行，并保留色标样品。

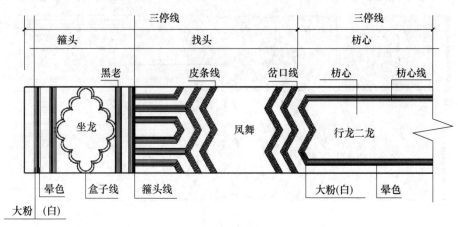

(a) 和玺彩绘图框

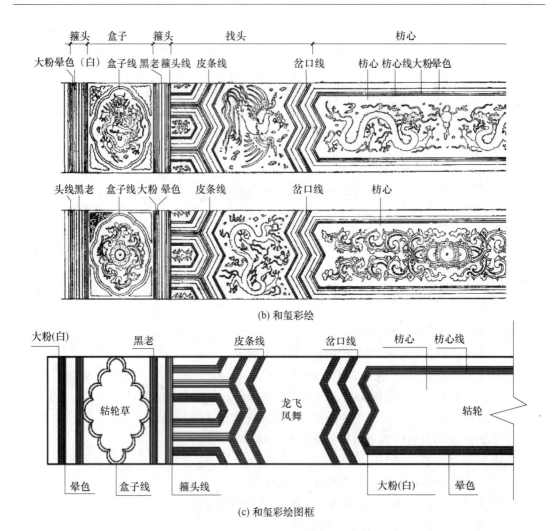

(b) 和玺彩绘

(c) 和玺彩绘图框

图 15.1.1　和玺彩绘

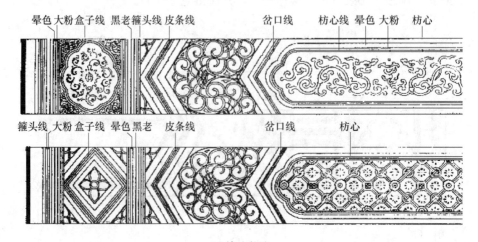

(a) 旋子彩画

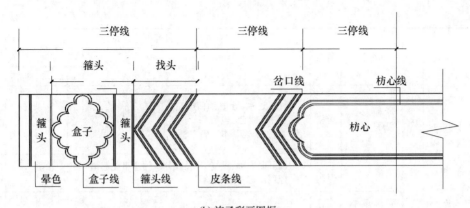

(b) 旋子彩画图框

图 15.1.2　旋子彩画

五、文物古建筑彩画复原工程、仿古建筑彩画工程、各种新式彩画工程及各种传统壁画工程验收记录表

**表 15-1-1**

| 工程名称 | | 分项工程名称 | | 验收部位 | |
|---|---|---|---|---|---|
| 施工单位 | | | | 项目经理 | |
| 执行标准名称及编号 | | | | 专业工长 | |
| 分包单位 | | | | 施工班组长 | |
| 质量验收规范的规定、检验方法：观察检查、实测检查 | | | 施工单位检查评定记录 | 监理（建设）单位验收记录 | |

| | | |
|---|---|---|
| 主控项目 | 文物古建筑彩画复原工程；仿古建筑彩画工程；各种新式彩画工程；各种传统壁画工程 | 彩画工程的施工及质量要求应符合以下规定：<br>　1. 施工程序应按以下规定进行：磨生、过水、分中、拍谱子、沥粉、刷色、包胶、晕色、大粉、黑老。不同彩画可按设计要求增减程序<br>　2. 凡相同、对称、重复运用的图案，均应事先起谱子（放样）<br>　3. 彩画的颜材料调对应集中进行并设室内材料房<br>　4. 凡彩画直线道必须上尺操作<br>　5. 色彩重叠二层以上进行作染操作必须过矾水<br>　6. 使用乳胶及乳胶漆调料，应按产品说明书的规定进行<br>　7. 应符合各节规定的具体操作方法 |
| | | 彩画基层必须坚实、牢固、平整、棱角整齐，无孔洞、裂缝、生油挂甲等现象<br>　新式彩画施工必须按色标颜色进行，并保留色标样品 |

续表

| 一般项目 | 文物古建筑彩画复原工程;仿古建筑彩画工程;各种新式彩画工程;各种传统壁画工程 | 序号 | 项目 | 等级 | 彩画工程的施工及质量要求应符合以下规定 | | 实测点 | | | | | 合格率(%) |
|---|---|---|---|---|---|---|---|---|---|---|---|---|
| | | | | | 中级 | 高级 | 1 | 2 | 3 | 4 | 5 | |
| | | 1 | 各种彩绘程序 | 合格 | 磨生、过水、分中、拍谱子、沥粉、刷色、包胶、晕色、大粉、黑老基本正确 | 磨生、过水、分中、拍谱子、沥粉、刷色、包胶、晕色、大粉、黑老基本正确、标准 | | | | | | |
| | | 2 | 放样 | 合格 | 凡相同、对称、重复运用的图案,均应事先起谱子,原图图形不变 | | | | | | | |
| | | 3 | 彩画颜料调兑 | 合格 | 彩画的颜料调对应集中进行并设室内材料房 | | | | | | | |
| | | 4 | 彩画直线 | 合格 | 凡彩画直线必须上直尺操作检查 | | | | | | | |
| | | 5 | 矾水 | 合格 | 二层以上色彩重叠进行作染操作必须过矾水 | | | | | | | |
| | | 6 | 彩画基层 | 合格 | 彩画基层必须坚实、牢固、平整、棱角整齐,无孔洞、裂缝、生油挂甲等现象 | | | | | | | |
| | | 7 | 色标样品 | 合格 | 新式彩画施工必须按色标颜色进行并保留色标样品 | | | | | | | |
| 施工单位检查评定结果 | 主控项目 | | | | | | | | | | | |
| | 一般项目 | | | | | | | | | | | |
| | 项目专业质量检查员:<br>项目专业质量(技术)负责人:<br><br>年　　月　　日 | | | | | | | | | | | |
| 监理(建设)单位验收结论 | 监理工程师或建设单位项目技术负责人:<br><br>年　　月　　日 | | | | | | | | | | | |

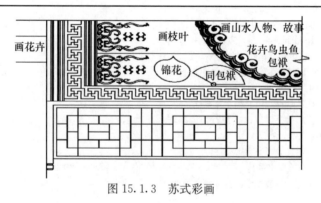

图 15.1.3　苏式彩画

# 第二节　大木彩画工程

一、大木彩画指上下架大木各式彩画工程,包括各种和玺彩画图示 、旋子彩画图示、苏式彩画图示、杂式彩画及新式彩画等具有传统构图格式的彩画。其适用范围、种类应符合以下规定：

1. 大木范围：

大额枋、小额枋、平板枋、挑檐枋、由额垫板、中檩（桁）、室内外各架柁、梁、柱、小式檩、板、枋及角梁、霸王拳、宝瓶、角云等露明彩画部位。

2. 彩画种类：

各种和玺彩画、旋子彩画、苏式彩画、杂式彩画及新式彩画等具有传统构图格式的彩画。

检查数量：按批量检查，不少于一个检验批，按有代表性自然间抽查20％，不少于5间，不足5间全检。

检验方法：观察、手摸。

二、各种彩画图样及选用材料的品种、规格必须符合设计要求。

三、各种沥粉线条不得出现崩裂、掉条、卷翘现象。

四、严禁出现翘皮、掉色、漏刷、透底现象。

五、大木彩画工程主控项目应符合表15-2-1的规定。

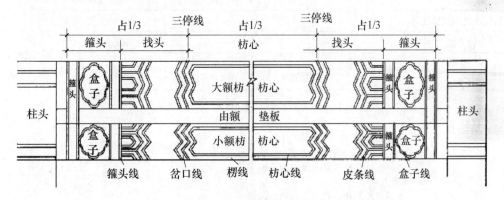

(a) 和玺彩画图框

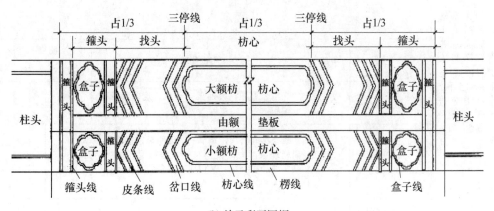

(b) 旋子彩画图框

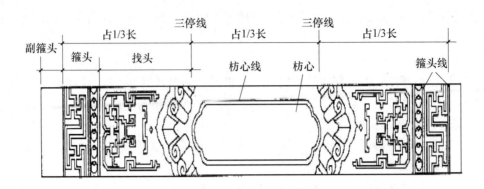

(c) 苏式彩画图框

图 15.2.1　大木彩画

## 六、上下架大木各式彩画工程和玺彩画、旋子彩画、苏式彩画验收记录表

**表 15-2-1**

| 工程名称 | | 分项工程名称 | | 验收部位 | |
|---|---|---|---|---|---|
| 施工单位 | | | | 项目经理 | |
| 执行标准名称及编号 | | | | 专业工长 | |
| 分包单位 | | | | 施工班组长 | |

| 质量验收规范的规定、检验方法：观察检查、实测检查 | 施工单位检查评定记录 | 监理（建设）单位验收记录 |
|---|---|---|

| | 主控项目 | 1. 各种彩画图样及选用材料的品种、规格必须符合设计要求<br>2. 各种沥粉线条不得出现崩裂、掉条、卷翘现象<br>3. 严禁出现翘皮、掉色、漏刷、透底现象 | | |

大木彩画指上下架大木各式彩画工程，其适用范围、种类应符合表中规定

| 一般项目 | 序号 | 项目 | 等级 | 质量要求 | 实测点 | | | | | 合格率（%） |
|---|---|---|---|---|---|---|---|---|---|---|
| | | | | | 1 | 2 | 3 | 4 | 5 | |
| | 1 | 沥粉线条 | 合格 | 光滑、直顺，大面无刀子粉、疙瘩粉及明显瘪粉 | | | | | | |
| | 2 | 各色线条直顺度 | 合格 | 线条准确直顺，宽窄一致无明显搭接错位、离缝现象，大面棱角整齐（包括梁枋线条、箍头线、枋心线、叉口线、皮条线、盒子线、晕色大粉） | | | | | | |
| | 3 | 色彩均匀度 | 合格 | 色彩均匀、不透底影、无混色现象（底色、晕色、大粉、黑） | | | | | | |

续表

| 一般项目 | 大木彩画指上下架大木各式彩画工程,其适用范围、种类应符合表中规定: | 序号 | 项目 | 等级 | 质量要求 | 实测点 | | | | | 合格率(%) |
|---|---|---|---|---|---|---|---|---|---|---|---|
| | | | | | | 1 | 2 | 3 | 4 | 5 | |
| | | 4 | 局部图案规整度 | 合格 | 图案工整、大小一致、风路均匀、色彩鲜明清楚(指枋心、找头、盒子) | | | | | | |
| | | 5 | 洁净度 | 合格 | 大面无脏活及明显修补痕迹,小面无明显脏活 | | | | | | |
| | | 6 | 艺术形象 | 合格 | 各种彩绘形象的色彩、构图无明显误差,能体现绘画主题,包袱退晕整齐,层次清楚(指绘画水平包袱画、聚锦画、池子画、流云、博古、找头花) | | | | | | |
| | | 7 | 裱贴 | 合格 | 牢固、平整、无空鼓、翘边,允许有微小折皱 | | | | | | |

| | 主控项目 | |
|---|---|---|
| | 一般项目 | |
| 施工单位检查评定结果 | 项目专业质量检查员:<br>项目专业质量(技术)负责人:<br><br><br>年　　月　　日 | |
| 监理(建设)单位验收结论 | 监理工程师或建设单位项目技术负责人:<br><br><br>年　　月　　日 | |

图 15.2.1　大木彩画

# 第三节　椽头彩画工程

一、椽头彩画应包括檐椽、飞头、翼角、翘飞端面与底面的彩画工程。

检查数量：按批量检查，不少于一个检验批，抽查 10% 或连续不少于 10 对（共 20 个）。

检验方法：观察、手摸检查。

1. 彩画式样、做法及选用材料的品种、规格必须符合设计要求。

2. 严禁沥粉线条起翘、暴裂、掉条。

3. 严禁色层起皮或掉粉。

4. 椽头彩画工程质量应符合表中规定。

寿字　　　　龙眼　　　　百花　　　　　　百花　　　　万字　　　栀花

椽头彩画图示（一）　　　　　　　　　　椽头彩画图示（二）

椽头彩画图示（三）

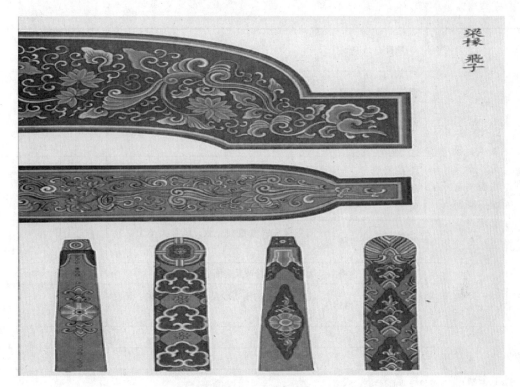

宋式梁椽头、飞子彩画图示（四）

图 15.3.1　椽头彩画

## 二、椽头彩画验收记录表

**表 15-3-1**

| 工程名称 | | 分项工程名称 | | 验收部位 | |
|---|---|---|---|---|---|
| 施工单位 | | | | 项目经理 | |
| 执行标准名称及编号 | | | | 专业工长 | |
| 分包单位 | | | | 施工班组长 | |
| 质量验收规范的规定、检验方法：观察检查、实测检查 | | | 施工单位<br>检查评定记录 | 监理（建设）单位验收记录 | |
| 主控项目 | 檐椽、飞头、翼角、翘飞端面与底面的彩画工程 | 1. 彩画式样、做法及选用材料的品种、规格必须符合设计要求<br>2. 严禁沥粉线条起翘、暴裂、掉条<br>3. 严禁色层起皮或掉粉 | | | |

续表

| | 序号 | 项目 | 等级 | 质量要求 | 实测点 | | | | | 合格率（%） |
|---|---|---|---|---|---|---|---|---|---|---|
| | | | | | 1 | 2 | 3 | 4 | 5 | |
| 一般项目 | 1 | 沥粉 | 合格 | 线道横平竖直、光滑直顺、平行线到宽窄一致（沥粉万字类椽头） | | | | | | |
| | 2 | 色彩均匀度 | 合格 | 色彩均匀、层次清楚、罩油面允许有轻微偏差 | | | | | | |
| | 3 | 图案及线条工整规则度 | 合格 | 线道横平竖直、空当均匀、粗细一致、退晕规则（阴阳万字椽头、退晕椽头颜色图案椽头） | | | | | | |
| | 4 | 对比一致 | 合格 | 同样椽头线道粗细一致、风路大小无明显差别 | | | | | | |
| | 5 | 洁净度 | 合格 | 无明显脏污修改及裹面 | | | | | | |
| | 6 | 艺术形象 | 合格 | 花样合理、构图巧妙灵活、开染均匀、无反复重样现象 | | | | | | |

（左栏合并格：檐椽、飞头、翼角、翘飞端面与底面的彩画工程）

| 施工单位检查评定结果 | 主控项目 | |
| | 一般项目 | |
| | 项目专业质量检查员：<br>项目专业质量（技术）负责人：<br><br>　　　　　　　　　　年　　月　　日 | |
| 监理（建设）单位验收结论 | 监理工程师或建设单位项目技术负责人：<br><br>　　　　　　　　　　年　　月　　日 | |

# 第四节　斗拱彩画工程

一、斗拱彩画工程包括室内、外各柱头科、角科、平身科以及溜金斗拱等。

检查数量：按批量检查，不少于一个检验批，有代表性斗栱各选 2 攒（每攒按单面算），总量不少于 6 攒。

检验方法：观察、手摸检查。

1. 斗拱彩画所用材料的品种、规格及做法必须符合设计要求。

2. 斗拱沥粉严禁出现翘裂、掉条现象。

3. 色彩面层严禁暴裂、翘皮、掉粉。

4. 斗拱彩画工程质量应符合表中规定。

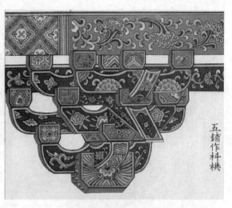

(a) 宋式四铺作彩画五彩遍装　　　　　　　　(b) 宋式五铺作彩画五彩遍装

(c) 宋式四铺作彩画解绿结华装　　　　　　　(d) 宋式五铺作彩画解绿结华装

(e) 斗拱梁架彩画（一）

(f)斗拱梁架彩画（二）

15.4.1 斗拱梁架彩画

## 二、各式斗拱彩画验收记录表

表 15-4-1

| 工程名称 | | 分项工程名称 | | 验收部位 | |
|---|---|---|---|---|---|
| 施工单位 | | | | 项目经理 | |
| 执行标准名称及编号 | | | | 专业工长 | |
| 分包单位 | | | | 施工班组长 | |
| 质量验收规范的规定、检验方法：观察检查、实测检查 | | | 施工单位<br>检查评定记录 | 监理（建设）单位验收记录 | |
| 主控项目 | 斗拱彩画工程包括室内、外各柱头科、角科、平身科，以及溜金斗拱等 | 1. 斗拱彩画所用材料的品种、规格及做法必须符合设计要求<br>2. 斗拱沥粉严禁出现翘裂、掉条现象<br>3. 色彩面层严禁暴裂、翘皮、掉粉 | | | |

续表

| | | 序号 | 项目 | 等级 | 质量要求 | 实测值 | | | | | 合格率（%） |
|---|---|---|---|---|---|---|---|---|---|---|---|
| | | | | | | 1 | 2 | 3 | 4 | 5 | |
| 一般项目 | 斗拱彩画工程 | 1 | 沥粉 | 合格 | 线道齐直、宽窄一致，侧面、窝角部分允许有轻微偏差，大面无刀子粉、疙瘩粉 | | | | | | |
| | | 2 | 刷色 | 合格 | 1. 斗拱彩画所用材料的品种、规格及做法必须符合设计要求<br>2. 斗拱沥粉严禁出现翘裂、掉条现象<br>3. 色彩面层严禁暴裂、翘皮、掉粉，窝角深处允许有轻微遗漏，允许起止笔处有轻微偏差 | | | | | | |
| | | 3 | 晕色 | 合格 | 宽窄一致、线界直顺、色彩均匀 | | | | | | |
| | | 4 | 边线 | 合格 | 色彩均匀、宽窄一致、色彩均匀 | | | | | | |
| | | 5 | 大粉 | 合格 | 线条直顺、色彩均匀、无明显离缝，留边宽窄一致 | | | | | | |
| | | 6 | 黑老 | 合格 | 线条直顺、居中，无明显歪斜现象、升斗随形，黑老应能随形一致，洁净 | | | | | | |
| | | 7 | 洁净度 | 合格 | 洁净、无颜色污痕，昂头无明显手摸污痕 | | | | | | |

| | 主控项目 | |
|---|---|---|
| | 一般项目 | |

| 施工单位检查评定结果 | 项目专业质量检查员：<br>项目专业质量（技术）负责人：<br><br>年　月　日 |
|---|---|
| 监理（建设）单位验收结论 | 监理工程师或建设单位项目技术负责人：<br><br>年　月　日 |

# 第五节　天花、支条彩画工程

一、天花、支条彩画工程的施工及质量应符合以下规定：

1. 天花起谱子的尺寸应以井口为基础。

2. 摘卸天花板时，背面应预先编号记载。

3. 做软天花，应在生高丽纸、生绢上墙过矾水，绷平台拍谱子。

4. 软天花拍谱子后，应在沥粉、刷色、抹小色、垫较大面积底色、包胶等全部完成后下墙，之后继续画细部。

5. 天花沥粉应用铁丝规做圆鼓子线，其搭接粉条不大于两点（处）。

6. 软天花及燕尾做完后，垫纸裱糊至天花板。

7. 不同宽度的支条，做燕尾的起谱子应分别配纸。

8. 硬天花全部彩画工艺完成后刷大边，干后按号复位。

检查数量：按批量检查，不少于一个检验批，抽查10％，但不少于10井或两行。

检验方法：观察、手摸检查。

二、天花彩画图样、做法、材料的品种、规格必须符合设计要求。

三、沥粉线条必须附着牢固，严禁卷翘、掉条。

四、各色层严禁出现翘皮、掉色现象。

五、天花、支条彩画工程质量应符合表中规定。

(a) 升降龙天花彩画图

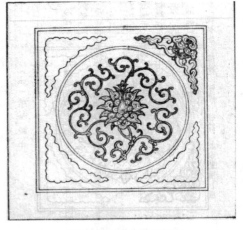

(b) 西蕃莲草天花彩画图

(c) 团鹤天花彩画图

(d) 四季花（牡丹）天花彩画图

图 15.5.1　天花、支条彩画

六、天花、支条彩画工验收记录表

表 15-5-1

| 工程名称 | | 分项工程名称 | | 验收部位 | |
|---|---|---|---|---|---|
| 施工单位 | | | | 项目经理 | |
| 执行标准名称及编号 | | | | 专业工长 | |
| 分包单位 | | | | 施工班组长 | |

| 质量验收规范的规定、检验方法：观察检查、实测检查 | | 施工单位检查评定记录 | 监理（建设）单位验收记录 |
|---|---|---|---|

| 主控项目 | 天花、支条彩画工程 | 天花、支条彩画工程的施工及质量要求符合以下规定：<br>1. 天花起谱子的尺寸应以井口为基础<br>2. 摘卸天花板时，背面应预先编号记载<br>3. 做软天花，应在生高丽纸、生绢上墙过矾水，绷平台拍谱子。<br>4. 软天花拍谱子后，应在沥粉、刷色、抹小色、垫较大面积底色、包胶等全部完成后下墙，之后继续画细部<br>5. 天花沥粉应用铁丝规做圆鼓子线，其搭接粉条不大于两点（处）<br>6. 软天花及燕尾做完后，垫纸裱糊至天花板<br>7. 不同宽度的支条，做燕尾的起谱子应分别配纸<br>8. 硬天花全部彩画工艺完成后刷大边，干后按号复位<br>9. 天花彩画图样、做法、材料的品种、规格必须符合设计要求<br>10. 沥粉线条必须附着牢固，严禁卷翘、掉条<br>11. 各色层严禁出现翘皮、掉色现象 | | | |

| 一般项目 | | 序号 | 项目 | 等级 | 质量要求 | 实测值 | | | | | 合格率（％） |
|---|---|---|---|---|---|---|---|---|---|---|---|
| | | | | | | 1 | 2 | 3 | 4 | 5 | |
| | | 1 | 行线排列直顺度 | 合格 | 排列通顺，按行穿线无明显偏闪，且每行不大于2井（裱贴天花） | | | | | | |
| | | 2 | 方、圆光线 | 合格 | 线道直顺，圆光线接无错位，色线工整规则（指沥粉） | | | | | | |
| | | 3 | 叉角、圆心图案 | 合格 | 叉角风路均匀一致，各色线条直顺，圆心内图案无明显错位现象（指龙凤、草等图案天花） | | | | | | |
| | | 4 | 艺术形象 | 合格 | 渲染均匀，层次鲜明，勾线不乱（指团鹤四季天花） | | | | | | |
| | | 5 | 天花裱贴 | 合格 | 裱贴牢固平整，无空鼓、翘边现象，允许有少量折裂沥粉线条，无污痕 | | | | | | |
| | | 6 | 燕尾 | 合格 | 色彩鲜明，层次清楚，图案工整，线条工整流畅，裁贴燕尾与纸条宽窄一致裱贴牢固平整，无拼缝边缝 | | | | | | |

| 施工单位检查评定结果 | 主控项目 | |
|---|---|---|
| | 一般项目 | |
| | 项目专业质量检查员：<br>项目专业质量（技术）负责人：<br><br>年　　月　　日 | |

| 监理（建设）单位验收结论 | 监理工程师或建设单位项目技术负责人：<br><br>年　　月　　日 |
|---|---|

(a) 团鹤天花、支条彩画图框

(b) 团鹤天花、支条彩画图

图 15.5.2　天花、支条彩画

# 第六节　楣子、牙子、雀替、花活等彩画工程

一、各种楣子、牙子、雀替、花活等彩画的质量检验和评定。

检查数量：楣子任选一间，牙子、雀替、花活各选一对。

检验方法：观察、手摸检查。

二、各部分选用材料的品种、规格及做法必须符合设计要求。

三、沥粉及色彩应附着牢固，严禁出现掉粉、翘裂现象。

四、楣子彩画应符合以下规定：

掏里必须刷严、刷到，迎面均匀一致，线条直顺，分色线整齐，无明显裹面。

五、牙子彩画应符合以下规定：

掏里刷严、刷到，涂色、渲染均匀一致。

六、雀替、花活彩画应符合以下规定：

色彩鲜明，足实盖地，层次清楚，渲染均匀，线道直顺、不混色，不露缝，表面洁净无脏色。

检查数量：按批量检查，不少于一个检验批，抽查10％，但不少于3间。

检验方法：观察、手摸检查。

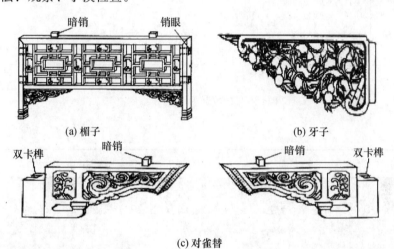

图15.6.1　楣子、牙子、雀替彩画造型

七、楣子、牙子、雀替、花活彩画工程验收记录表

表 15-6-1

| 工程名称 | | 分项工程名称 | | 验收部位 | |
|---|---|---|---|---|---|
| 施工单位 | | | | 项目经理 | |
| 执行标准名称及编号 | | | | 专业工长 | |
| 分包单位 | | | | 施工班组长 | |
| 质量验收规范的规定、检验方法：观察检查、实测检查 | | | 施工单位<br>检查评定记录 | 监理（建设）单位验收记录 | |
| 主控项目 | 楣子、牙子、雀替、花活彩画工程 | 1. 各部分选用材料的品种、规格及做法必须符合设计要求<br>2. 沥粉及色彩应附着牢固，严禁出现掉粉、翘裂现象 | | | |

续表

| 一般项目 | 楣子、牙子、雀替、花活彩画工程 | 序号 | 项目 | 等级 | 质量要求 | 实测点 | | | | | 合格率（%） |
|---|---|---|---|---|---|---|---|---|---|---|---|
| | | | | | | 1 | 2 | 3 | 4 | 5 | |
| | | 1 | 楣子彩画 | 合格 | 掏里必须刷严、刷到，迎面均匀一致，线条直顺，分色线整齐，无明显裹面 | | | | | | |
| | | 2 | 牙子彩画 | 合格 | 掏里刷严、刷到，涂色足实均匀，渲染均匀无斑渍，色调沉稳 | | | | | | |
| | | 3 | 雀替、花活彩画 | 合格 | 色彩鲜明，足实盖地，层次清楚，渲染均匀，线道直顺、不混色，不露缝，表面洁净无脏色 | | | | | | |

| 施工单位检查评定结果 | 主控项目 | |
|---|---|---|
| | 一般项目 | |
| | 项目专业质量检查员：<br>项目专业质量（技术）负责人：<br><br>　　　　　　　　　　　年　　月　　日 | |

| 监理（建设）单位验收结论 | 监理工程师或建设单位项目技术负责人：<br><br>　　　　　　　　　　　年　　月　　日 |
|---|---|

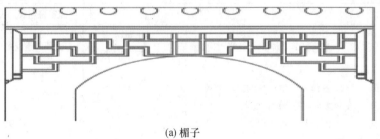

(a) 楣子

(b) 牙子

(c) 对雀替

15.6.2　楣子、牙子、雀替彩画

# 名词解释

[1] 古建筑——是指古代遗存或近现代按古代传统规则做法建造的建筑物。

[2] 官式——符合或近似于古建筑，指古代遗存的历代朝廷颁行的建筑规范所规定的建筑式样。

[3] 仿古建筑——指按照古代式样，运用现代结构材料技术建造的建筑物。

[4] 地方做法——在某地通用而不循朝廷建筑规范的传统建筑形式和施工手法。

[5] 文物建筑——指各级文物保护单位中的古建筑或虽未明确作为文物保护单位但具有文物价值的古建筑。

[6] 单体建筑——指独立的单个建筑或多个有关联的个体建筑中的某一建筑物。

[7] 群体建筑——指由多个有关联的单体建筑组成的一个群（或称为一组建筑）。

[8] 剁斧——在经过加工已基本凿平的石料表面上，用斧子剁斩，使之更加平整，表面露出直顺、匀密的斧迹。

[9] 打道——用锤子和錾子在已基本凿平的石面上打出平顺、深浅均匀的沟道。

[10] 砸花锤——锤顶表面带有网格状的锤子叫花锤，石料经凿打，已基本平整后，用花锤把表面进一步砸平称砸花锤。

[11] 背山——在安装过程中，用石片、石蹾或铁片把石活垫稳、垫平。

[12] 掰升——升，倾斜之意，有升的柱子，其下角应向外挪动。在这种情况下，木柱下的柱顶石相应地也要往轴线外移开一些，这种做法称为掰升。

[13] 花样皮——指砖的露明面铲磨后，局部仍留存的糙麻面不平之处。

[14] 捧锤勒——加工转头肋质量通病。正确的转头肋剖面应平整，如果操作不当，转头肋的剖面则呈圆弧形，这种情况称为捧锤勒。

[15] 上小摞——检查砖厚度的一种方法。任意抽取城砖 5 块（小砖 10 块）叠成一摞，以一摞为单位进行检查。

[16] 干摆——磨砖对缝做法。其最大特点是摆砌时砖下不铺灰，后口垫平，然后灌浆，这是古建筑墙体修建中的较为高级的做法。

[17] 丝缝——与干摆做法相比，丝缝做法的最大不同是砌筑时砖棱上要抹灰条，这是古建墙体修建中较为讲究的做法。

[18] 淌白缝——古建筑砖墙以砖料是否经过砍磨加工来区分，可分为细砖墙和糙砌墙，淌白缝墙是细砖加工中的一种简单做法。

[19] 收分——"升"的同义词。有升的墙面，第一皮砖以弹线为准，往上逐渐微微向内收进一些，即为收分。收分仅是墙面向中心收进。

[20] 苫背——瓦瓦前的工序。它指屋面木基层以上，以灰（泥）抹出的垫层。

[21] 瓦瓦——在屋面施工中，自苫背以上铺瓦的全过程称为瓦瓦。

[22] 捏嘴——干槎瓦屋面檐头，瓦与瓦的接缝处要堆抹出三角形和半圆形的灰梗，这一做法称为捏嘴。

[23] 旁囊——由庑殿推山做法（正脊加长）所引起的庑殿垂脊的侧向弯曲。

[24] 堵抹燕窝——檐口不用连檐瓦口时，用灰堵抹檐头底瓦下的三角部分（俗称燕窝）。

[25] 檐头瓦尿檐——指檐头瓦使用普通板瓦时，瓦的坡度过缓，致使雨水从檐头瓦底面回流至连檐，椽

子甚至檩条。

[26] 丈杆——是古建筑木构件制作和木构件安装工程中必备的度量工具，用优质木材制成，分总丈杆和分丈杆两种。总丈杆是制备、验核分丈杆的依据。分丈杆是直接用来进行木构架制作、安装的度量工具，每一种或每一类构件都要专门制备一根丈杆。

[27] 侧脚——古建筑的柱脚向建筑物外侧倾斜，称为侧脚。

[28] 升线——标志柱子侧脚的墨线，称为升线，清官式做法中，表示升线的符号是在垂线上面画四道斜线。

[29] 馒头榫——柱头上用于固定梁或梁头的榫。

[30] 管脚榫——柱根部用于固定柱脚的榫。

[31] 檩碗——古建筑榫卯的一种，用于梁头、脊瓜柱头、角云头等部位，作用在于承接圆形截面的檩（桁），避免滚动。

[32] 鼻子榫——与檩碗配合使用的一种榫卯，位于梁头部位，它的功能在于建筑物受纵向水平推动时，防止檩子左右错动或脱碗滚落。

[33] 阶梯榫——专门用于趴梁、抹角梁同檩（桁）扣搭相交部位的一种卯榫，呈阶梯形。

[34] 法式要求——泛指宋（营造法式）、清工部（工程做法则例）等历代朝廷颁布的建筑规范所规定的建筑式样、建筑尺度和做法要求。

[35] 平水线——梁侧面表示檩底皮水平位置的墨线。

[36] 抬头线——梁头正面和侧面表示梁头高度的墨线。

[37] 乍——榫头根部小、端头大称为"乍"。

[38] 溜——榫头上面大，下面小称为"溜"。在古建筑中，柱子根部或端头略粗叫做"收分"，俗称"溜"。

[39] 箍头榫——用于古建筑枋类构件上的一种结构作用很强的榫卯。

[40] 箍头枋——端头做箍头榫的枋称为箍头枋。

[41] 滚棱——古建筑中截面呈方形的木构件（如梁、枋等），棱角通常做成圆形，称为滚棱。

[42] 燕尾榫——又称大头榫，具有拉结作用，多用于枋、随梁、檩等构件。

[43] 金盘——古建筑中截面为圆形的木构件（如檩、桁）与其他构件相迭时，为增加稳定性，需在上面或下面刨出的平面称为"金盘"。

[44] 椽碗——檐椽、脑椽等椽子的后尾搭置于梁、枋、彩步金、扶脊木等构件侧面时需在大木构件对应位置剔凿出的承接椽尾的卯口，称为椽碗。用于堵挡园形椽之间空当的构件也称椽碗。

[45] 椽花线——檩上面标志椽子位置的墨线称为椽花线。

[46] 银锭榫——古建木构件中的一种卯榫，呈两头宽中间窄的形状，多用于板缝拼接。

[47] 龙凤榫——用于板缝拼接的一种榫卯，作用类似企口榫，由板的阳榫和阴榫相扣（也称公母榫）。

[48] 罗锅椽——一种拱形的椽子，用于卷棚建筑顶部的椽子。

[49] 翼角椽——椽子在古建筑转角的特殊形态。头部呈圆形或菱形，后尾呈薄厚不等的楔形，成散射状排列。

[50] 翘飞椽——飞檐椽在古建筑转角部位的特殊形态，折角翘起，排列形状同翼角椽。

[51] 斗拱卷杀——斗拱拱头做成弧状折面，称为卷杀。

[52] 到升——檐柱向反方向侧脚称为到升。

[53] 老中——木构件中心线的名称之一。

[54] 由中——檩子中线与角梁或其他构件侧面边棱的交点。

[55] 雀台——椽子（或飞椽）端头露出连檐之外，其外露部分称为雀台。

[56] 乱搭头——上下两段椽子交错安装的一种做法。

[57] 鸡窝囊——因翼角翘起部分连檐的局部低于正身连檐而出现的连檐曲线下凹现象称为鸡窝囊。

[58] 翘飞母——翘飞椽椽头与椽尾分界线处。

[59] 包掩——古建木构件榫卯的构造做法之一，通常两根矩形截面的构件扣搭相交时卯口不外露，这种做法称为包掩。

[60] 归安——修缮工程中将拔榫或移位的构件复归原位。

[61] 拆安——修缮工程中将构件拆下经修理后再行安装。

[62] 打牮拨正——一种对整体歪斜的木结构建筑的修缮手段。打牮拨正之前必须拆除屋面、椽望、围护墙以及影响拨正归位的铁件等，然后通过牵拉、支顶等手段，使木构架复位。

[63] 移建工程——文物建筑由原址移至其他地点，按原样重建的工程。

[64] 墩接——将柱根的糟朽部分截掉，换上新料，并用铁箍加固。

[65] 包镶——柱根表层糟朽内部尚好时，将糟朽部分剔除，包上木条使之与原构件尺寸形状一致。

[66] 槛框——古建木装修中槛框与立槛的总称。

[67] 阴文线雕——在光平的木板表面雕刻出花纹、字形和线条的方法。

[68] 落地雕——又称压地雕，压地稳起，即今之浅浮雕。

[69] 透雕——将花纹以外部分去掉，使之透空，然后在花纹表面进行雕刻。

[70] 贴雕——将要雕刻的花纹用薄板镂空，粘贴在另外的木板上进行雕刻。

[71] 嵌雕——在已雕好的浮雕作品上镶嵌更凸出的部分。

[72] 镂活——用钢丝锯锯解木板或其他木构件。

[73] 砍净挠白——用油工专用的小斧子砍掉旧地仗灰，喷水闷，而后用挠子把余灰挠净的过程。

[74] 剁斧迹——用小斧子在新木材表面顺序砍出斧印。

[75] 汁浆——基层清理后，为使地仗灰粘结牢固，先刷（喷）一道浆（或操油），其作用与刷素水泥浆、胶水作用一样。

[76] 崩秧——柱与枋接合处称秧，粘麻糊布时，在秧处因压得不实而产生空鼓的现象。

[77] 龟裂——又称鸡爪纹，即在细灰表面呈龟背纹现象。

[78] 挂甲——在古建地仗施工中，由于钻生油擦不净，表面留有浮油，干后结膜，其结膜称为挂甲。

[79] 混线——又称框线。上槛、中槛、抱框、间槛边上的线条，砍出八字边，再用竹子或铁皮做成轧子，轧出半圆形的线。

[80] 线口——轧线前，根据设计尺寸及传统做法要求，在槛框边砍出八字口。

[81] 水缝——边檐与瓦口接合处。

[82] 椽秧——椽和望板交接处的缝隙，每根椽两条缝隙。

[83] 绽口——贴金箔，金箔裂缝，称绽口（錾口）。

[84] 洇湿——液体接触到纸或布后表面向外扩散渗透的现象。

[85] 油口——纸面、丝绸面、壁纸等在裱糊工作中，被浆糊、胶液沾污表面的现象，又称胶迹。

[86] 磨生——彩沥之前对生油地仗层进行打磨的工艺，其作用是使表层细腻、光洁，有利于彩画沥粉，刷底色等工艺的进行。

[87] 过水——用水擦拭地仗表面，将磨生后的浮土擦净，使其表面洁净。

[88] 谱子——画在纸上的1∶1的彩画实体大样，用针刺成密排的小孔，彩画前，将其附构件表面，用粉包拍打针孔，图样便显于构件表面。

[89] 沥粉——在贴金彩画中，做出半圆型凸起状线条的工艺称为沥粉，线条称为"沥粉线条"。沥粉为彩画重要的传统工艺之一。

[90] 包胶——在贴金的彩画中，对贴金部位事前涂黄色（黄色颜料或黄色油漆）的工艺称为"包胶"。黄色多涂在沥粉线条之上，将其包严包到。

[91] 晕色——在同一色加白后形成的浅色称为晕色，如三青、三绿、硝红（浅红）等。

[92] 大粉——彩画中的白色粗线条为图案中的主要线条，多为直线。

[93] 黑老——为彩画退晕层次中的黑色部分，见于大木和斗拱之中，起增加彩画层次和修整贴金线条轮廓的作用。

[94] 刀子粉——断面呈三角形的沥粉线条，形状不美观，影响贴金操作和金线的效果。

[95] 疙瘩粉——粗细断续不均、高低不平，手摸、目测均有明显起伏感的沥粉线条。

[96] 麻渣粉——表面粗糙，手摸无光滑感的沥粉线条。

[97] 风路——局部图案的外围轮廓与框线之间的部分。

[98] 靠色——退晕中，两色过于接近，深浅差别不明显。这里指包袱烟云轮廓的多层次退晕。

[99] 跳色——退晕中，两色差别过大。这里指包袱烟云轮廓的多层次退晕。

[100] 合条——指沥粉线条交叉搭接时，互相不伤线条，搭接处结合饱满、整齐。

[101] 随形黑老——斗拱彩画中，升、斗中间的黑色部分，形状与升、斗相同。

[102] 软天花——在纸或绢上画的天花彩画，按块贴到天花板或顶棚的龙骨上。

[103] 生高丽纸、生绢——未经加矾的高丽纸或绢。做彩画时，必须加胶矾液"熟化"后方可使用。

[104] 圆鼓子线——天花图样中的圆圈形线条，多为沥粉线条且线条凸起。

[105] 硬天花——直接画在天花板上的天花彩画，与"软天花"相对而言。

[106] 留晕——在退晕图案中，先满涂浅色（晕色），再用深色涂盖其中一部分并留出一定宽度的图样的做法。

# 附录一　古建筑施工现场质量管理检查记录表

| 工程名称 | | 施工许可证 | |
|---|---|---|---|
| 建设单位 | | 项目负责人 | |
| 设计单位 | | 项目技术负责人 | |
| 监理单位 | | 总监理工程师 | |
| 施工单位 | | 项目经理 | |

| 序号 | 项　目 | 施工单位检查评定结果 | 监理（建设）单位验收结论 |
|---|---|---|---|
| 1 | 现场质量管理制度 | | |
| 2 | 质量责任制度 | | |
| 3 | 主要专业工种操作上岗证书 | | |
| 4 | 发包方管理制度及分包资方现场管理制度 | | |
| 5 | 施工图审查情况 | | |
| 6 | 地质勘察资料 | | |
| 7 | 施工组织设计、施工方案及审批 | | |
| 8 | 采用施工技术标准 | | |
| 9 | 工程质量检验制度 | | |
| 10 | 现场计量设置 | | |
| 11 | 现场材料、设备存放与管理 | | |

| 检查结论 | 项目专业技术负责人：<br><br><br>年　月　日 | 验收意见 | 监理工程师或建设单位项目负责人：<br><br><br>年　月　日 |
|---|---|---|---|

# 附录二　古建筑检验批质量验收记录表

| 工程名称 | | 分项工程名称 | | 验收部位 | |
|---|---|---|---|---|---|
| 施工单位 | | | | 项目经理 | |
| 执行标准名称及编号 | | | | 专业工长 | |
| 分包单位 | | 分包项目经理 | | 施工班组长 | |
| | 质量验收规范的规定 | | 施工单位检查评定记录 | | 监理（建设）单位验收记录 |
| 主控项目 | | | | | |
| | | | | | |
| | | | | | |
| | | | | | |
| | | | | | |
| | | | | | |
| | | | | | |
| 一般项目 | | | | | |
| | | | | | |
| | | | | | |
| | | | | | |
| | | | | | |
| 施工单位检查评定结果 | 项目专业质量检查员或项目专业质量（技术）负责人：<br><br><br>　　　　　　　　　　　　　　　　　　　　年　　月　　日 |
| 监理（建设）单位验收结论 | 监理工程师或建设单位项目技术负责人：<br><br><br>　　　　　　　　　　　　　　　　　　　　年　　月　　日 |

# 附录三 古建筑分项工程质量验收记录表

| 工程名称 | | 结构类型 | | 检验批 | |
|---|---|---|---|---|---|
| 施工单位 | | 项目经理 | | 项目技术负责人 | |
| 分包单位 | | 分包单位负责人 | | 分包项目经理 | |

| 序号 | 检验批部分、区段 | 施工单位检查评定结果 | 监理（建设）单位验收结论 |
|---|---|---|---|
| 1 | | | |
| 2 | | | |
| 3 | | | |
| 4 | | | |
| 5 | | | |
| 6 | | | |
| 7 | | | |
| 8 | | | |
| 9 | | | |
| 10 | | | |
| 11 | | | |
| 12 | | | |
| 13 | | | |
| 14 | | | |
| 15 | | | |
| 16 | | | |
| 17 | | | |
| 18 | | | |

| 检查结论 | 项目专业技术负责人：<br><br><br>年 月 日 | 验收意见 | 监理工程师或建设单位项目负责人：<br><br><br>年 月 日 |
|---|---|---|---|

# 附录四 古建筑分部（子分部）工程质量验收记录表

| 工程名称 | | | 结构类型 | | | 层数 | |
|---|---|---|---|---|---|---|---|
| 施工单位 | | | 技术负责人 | | | 质量部门负责人 | |
| 项目经理 | | | 项目负责人 | | | 分包技术负责人 | |
| 序号 | 分项工程名称 | | 检验批数 | 施工单位检查评定 | | 监理（建设）单位验收结论 | |
| 1 | | | | | | | |
| 2 | | | | | | | |
| 3 | | | | | | | |
| 4 | | | | | | | |
| 5 | | | | | | | |
| 6 | | | | | | | |
| 7 | | | | | | | |
| 8 | | | | | | | |
| 9 | | | | | | | |
| 10 | | | | | | | |
| 11 | | | | | | | |
| 12 | | | | | | | |
| 质量控制资料 | | | | | | | |
| 安全和功能检验（检测）报告 | | | | | | | |
| 观感质量验收 | | | | | | | |
| 验收单位 | 分包单位 | 项目经理：<br><br>年　月　日 | | | | | |
| | 施工单位 | 项目经理：<br><br>年　月　日 | | | | | |
| | 勘察单位 | 项目负责人：<br><br>年　月　日 | | | | | |
| | 设计单位 | 项目负责人：<br><br>年　月　日 | | | | | |
| | 监理（建设）单位 | 总监理工程师或建设专业负责人：<br><br>年　月　日 | | | | | |

# 附录五 单位（子单位）古建筑工程质量控制资料核查记录表

| 工程名称 | | | | 施工单位 | | | |
|---|---|---|---|---|---|---|---|
| 序号 | 项目 | | 资料名称 | | 分数 | 核查意见 | 核查人 |
| 1 | 古建筑与结构 | | 图纸会审、设计变更、洽商记录 | | | | |
| 2 | | | 工程定位测量、放线记录 | | | | |
| 3 | | | 原材料出厂合格证书及进场见（试）验报告 | | | | |
| 4 | | | 施工试验报告及见证检测报告 | | | | |
| 5 | | | 隐蔽工程验收记录 | | | | |
| 6 | | | 施工记录 | | | | |
| 7 | | | 地基基础、主体结构检验及抽样检测资料 | | | | |
| 8 | | | 分项、分部工程质量验收记录 | | | | |
| 9 | | | 工程质量事故及事故调查处理资料 | | | | |
| 10 | | | 新材料、新工艺施工记录 | | | | |
| 11 | 给排水与采暖 | | 资料参见各专业资料项目 | | | | |
| 12 | 建筑电气 | | | | | | |
| 13 | 通风空调 | | | | | | |
| 14 | 电梯 | | | | | | |
| 15 | 建筑智能化 | | | | | | |

结论：

总监理工程师：
施工单位项目经理：
　　　　　　　　　年　月　日

结论：

建设单位项目负责人：
　　　　　　　　　年　月　日

# 附录六 单位（子单位）古建筑工程观感质量检查记录

| 工程名称 | | | 施工单位 | | | | | | | | | | |
|---|---|---|---|---|---|---|---|---|---|---|---|---|---|
| 序号 | 项目 | 抽检质量情况 | | | | | | | | | 观感质量评价 | | |
| | | | | | | | | | | | 满意 | 合格 | 差 |
| 1 | 台基 | | | | | | | | | | | | |
| 2 | 台阶、散水 | | | | | | | | | | | | |
| 3 | 栏板望柱 | | | | | | | | | | | | |
| 4 | 室外墙面 | | | | | | | | | | | | |
| 5 | 室外大角 | | | | | | | | | | | | |
| 6 | 外墙面横竖线脚 | | | | | | | | | | | | |
| 7 | 檐柱侧脚 | | | | | | | | | | | | |
| 8 | 斗拱 | | | | | | | | | | | | |
| 9 | 山花、滴珠板 | | | | | | | | | | | | |
| 10 | 外檐装修 | | | | | | | | | | | | |
| 11 | 内檐装修 | | | | | | | | | | | | |
| 12 | 地面 | | | | | | | | | | | | |
| 13 | 檐头木作 | | | | | | | | | | | | |
| 14 | 翘脚昂线 | | | | | | | | | | | | |
| 15 | 瓦面 | | | | | | | | | | | | |
| 16 | 屋脊及饰件 | | | | | | | | | | | | |
| 17 | 内墙面 | | | | | | | | | | | | |
| 18 | 天花、顶棚 | | | | | | | | | | | | |
| 19 | 上架大木油漆彩画 | | | | | | | | | | | | |
| 20 | 下架大木油漆彩画 | | | | | | | | | | | | |
| 21 | 斗拱油漆彩画 | | | | | | | | | | | | |
| 22 | 檐头油漆彩画 | | | | | | | | | | | | |
| 23 | 门窗油漆彩画 | | | | | | | | | | | | |
| 24 | 楣子、牙子、雀替、花活 | | | | | | | | | | | | |
| 25 | 相邻部位洁净程度、咬色污染 | | | | | | | | | | | | |
| 26 | 应满足百分率 | | | | | | | | | | 百分率 | 百分率 | 百分率 |
| 观感质量综合评价 | | | | | | | | | | | | | |

| 结论： | 结论： |
|---|---|
| 总监理工程师：<br>施工单位项目经理：<br>　　　　　年　月　日 | 建设单位项目负责人：<br>　　　　　年　月　日 |

# 附录七 单位（子单位）古建筑分项工程 质量验收记录表

| 工程名称 | | 结构类型 | | 建筑面积 | |
|---|---|---|---|---|---|
| 施工单位 | | 技术负责人 | | 开工日期 | |
| 项目经理 | | 项目技术负责人 | | 竣工日期 | |
| 序号 | 项 目 | 验收记录 | | 监理（建设）单位验收结论 | |
| 1 | 古建筑分项工程 | 共　　分部，经查　　　　分部<br><br>符合标准及设计要求　　　　分部 | | | |
| 2 | 质量控制资料核查 | 共　　项，经审查符合要求　　　项<br><br>经核定符合规范要求　　　　项 | | | |
| 3 | 安全和主要使用功能核查及抽查 | 共核查　　项，符合要求　　　项<br><br>共抽查　　项，符合要求　　　项<br><br>经返工处理符合要求　　　　项 | | | |
| 4 | 观感质量验收 | 共抽查　　项，符合要求　　　项<br><br>不符合要求　　　　项 | | | |
| 5 | 综合验收结论 | | | | |
| 参加验收单位 | 建设单位 | 监理单位 | 施工单位 | 设计单位 | |
| | 单位（项目）负责人：<br>　　年 月 日 | 总监理<br>工程师：<br>　　年 月 日 | 单位（项目）负责人：<br>　　年 月 日 | 单位（项目）负责人：<br>　　年 月 日 | |

# 附录八　检验工具表

| 序号 | 名　称 | 规格型号 |
|---|---|---|
| 1 | 钢卷尺 | 1m、3m、5m、30m、50m |
| 2 | 钢板尺 | 10cm、20cm、100cm |
| 3 | 楔形塞尺 | 15mm×15mm×120mm，70mm 长斜坡上分十五格 |
| 4 | 方尺 | 按需要备制 |
| 5 | 活角度尺 | 按需要备制 |
| 6 | 丈杆 | 按需要备制 |
| 7 | 水平尺 | 长度 15～100cm |
| 8 | 坡度尺 | 按需要备制 |
| 9 | 短平尺 | 40cm |
| 10 | 靠尺 | 1m 或 2m |
| 11 | 拖线板 | 1m 或 2m |
| 12 | 线锤 | 视情况定 |
| 13 | 小锤 | 10g |
| 14 | 经纬仪 | 二级或三级 |
| 15 | 水准仪 | 二级或三级 |
| 16 | 百格网 | 按砖传统规格自制，纵横各分十格 |
| 17 | 小线 | 尼龙线 5～20m |
| 18 | 其他 |  |